当代设计卓越论丛
许　平　主编

“设计之城”

——与城市共生的设计产业

季　倩　著

U0254470

东南大学出版社
·南京·

图书在版编目(CIP)数据

“设计之城”:与城市共生的设计产业 / 季倩著.
—南京:东南大学出版社, 2016.1
(当代设计卓越论丛 / 许平主编)
ISBN 978-7-5641-6204-7

Ⅰ.①设… Ⅱ.①季… Ⅲ.①设计学—研究—中国
Ⅳ.①TB21

中国版本图书馆 CIP 数据核字(2015)第 304007 号

“设计之城”——与城市共生的设计产业

著　　者:季　倩
责任编辑:许　进
出 版 人:江建中
出版发行:东南大学出版社
社　　址:南京市四牌楼 2 号　邮编:210096
经　　销:全国各地新华书店
印　　刷:南京玉河印刷厂
版　　次:2016 年 1 月第 1 版
印　　次:2016 年 1 月第 1 次印刷
开　　本:889mm×1194mm　1/32
印　　张:7.125
字　　数:201 千字
书　　号:ISBN 978-7-5641-6204-7
定　　价:40.00 元

本社图书若有印装质量问题,请直接与营销部联系。
电话:025-83791830

序

工业革命以来，尤其是20世纪百年以来的世界政治、经济、文化格局，在21世纪的短短十数年间正在悄然变化。全球生态的危局、全球通信的扩张、全球贸易的衰减，这些激荡不已的因素将发展获利的对立以及发展途径的冲突以更为现实的方式摆到世界面前。以国际化、自由化、普遍化、星球化四大趋势为标志的全球化进程，因为其“超越民族—国家界限的社会关系的增长”① 而备受争议，同时也更加激起源自文化多样性及文明本性思考的种种质疑。尤其是全球化过程所隐含的“西方化”、“美国化”甚至“麦当劳化”等强势文化因素，不仅将矛盾纷争引向深入，而且使得这个以去地域化的贸易竞争、信息掌控为标志性手段的现代化过程，日益明显地演变为一场由技术而至经济、由政治而至民生的“文明的冲突”。

现代文明的矛盾与现代设计的发展有着深刻的内在关系。人类文明的多元性在历史上从来都是以生产方式的在地性与生活体

① ［英］罗兰·罗伯逊，［英］扬·阿特·肖尔特. 全球化百科全书. 南京：译林出版社，2011：525.

验的情境性为基本特征而存在的，而现代设计从一开始就以适应抽象化的工业生产体系为主旨，以脱离传统的文化变革、审美重建为目标，因此它与一种"解域化"（Deterritorialization）的生产发展之间有着几乎天然的策略联盟甚至需求共振。这种贯穿于形式表层及评判内核的价值重构，加剧了当代生产与设计中"文化与地理、社会领域之间的自然关系的丧失"①。它意味着，现代设计与全球生产经贸的同步在促使生产中的情境体验消解于无形的同时，催生了一种超越地域约束的标准与语境。而对于传统羁绊的摆脱，则进一步促使现代设计进入全球经营模式，在无限接近商业谋利的同时与20世纪汪洋恣肆的消费文化狂潮结盟。这使得本来担负着文明的预设与生活价值重建责任的现代设计，事实上需要一种与商业谋利及资本合谋划清泾渭的理论清算。毫无疑问，进入21世纪以来的现代设计一方面面临着前所未有的全球扩展，另一方面则面临一系列必须予以及时反思与价值澄清的重大课题。今天，这种反思在全球范围逐渐推开，从设计本体的价值观、方法论、思维与管理模式，一直延伸至与设计相关的社会、经济、文化、审美等一系列跨领域的研究。

中国设计问题的复杂性事实上与这个历史过程结为一体。在中国，现代设计从手工生产时代逐渐剥离并成为一种独立的文化形态，其间经历两次意义重大的发动期。第一次产生于20世纪初，一批沿海新兴城市开始兴起最初的工商业美术设计实践；第二次发动产生于20世纪中期，来自设计高校的教育力量通过这

---

① Néstor Gartía Canclini. 混杂文化//［英］罗兰·罗伯逊，［英］扬·阿特·肖尔特. 全球化百科全书. 南京：译林出版社，2011：306.

次发动奠定了中国现代设计及设计教育的基本格局，并将其延展至制造、出版、出口贸易等领域。其间尽管由于中国社会的沉沦波折而历经坎坷，但总体而言两次发动深刻地影响并规定着中国现代设计发生及发展的历程，今天则或许正迈入第三次历史性发动的进程。应当说，中国设计在这个过程中所呈现的创造性活力与其暴露的结构性缺陷同样明显，并且同样未曾得到应有的总结与澄明。尤其值得注意的是，现代设计的强势输入，隐含着忽略中国自身问题研究的危险。改革开放以来的很长时段内，中国设计界不少的精力投于引介西方的工作中，毫无疑问，这些工作为推进中国设计的成长作出了积极的贡献；但是一旦设计开始与中国社会的实践密切结合，设计问题本身的国际因素以及国情的介入，都将使设计发展的路径更加扑朔迷离，仅以单纯的模仿已经不能适合新的发展需要，而这正是长期以来以西方设计的逻辑与方法简单应对中国实践而成果往往并不理想的原因所在。

因此，在继续深入引介与学习国际经验的同时，一个主动思考中国设计发展方向与战略、价值与方法，主动研究中国设计现实问题与未来走向的时代已经开启。这种开启的现实背景正是：中国已经成为世界第二大经济体，并正在向第一大经济体迈进，中国经济的任何不足都将成为世界的缺陷，中国文化的任何迷误都将加深世界发展的困局。这一逻辑将同样适用于：中国设计的未来足以影响全球化进程的未来。

近年来，一批以这种研究为目标的阶段性成果已经开始从国内学者中突显。本套“卓越论丛”也因上述背景及实践的发展应运而生。本论丛以当代中国最重要及最敏感的设计问题研究为导向，以全球化理论框架为参照，以事关中国现代设计发展的基础理论、方式方法、思维导向、管理战略、教育比较等广泛议题为范畴，以民生福祉为圭臬，集中当代学者智慧，撷取一批研究成果予以结集出版。

论丛名为“当代设计卓越论丛”，既抱有在世界设计发展的格局中创造卓越、异军突起的期冀，也包含着在中国治学传统的氛围下管窥锥指、见微知著的寄寓。无论是写与读的面向，论丛都以设计的青年为主体；在选题上，将尽力展现鲜活、敏锐的新思维特色。要指出的是，设计问题领域广泛，关涉细琐，加之长期缺乏基础理论建设，许多现实中的设计问题往往积重难返，一项研究并不足以彻底解决问题。本论丛选题皆不求毕其功于一役，仅期望一项选题就是一个思想实验、学术履新的平台，研究中能够包含扎实、细致与差异化的工作，以逐步地推开研究中国问题的勤学之风、思考之风。期望以此为契机，集合一批年轻的朋友，共同开创这片思想的天地，共同灌溉这株学术的新苗，共同回应我们肩负的可能影响民族未来的历史的寄予。

谨以此序与诸君共勉。

许平　谨识于望京果岭里

2010. 4—2014. 4

前 言

“创意城市”是继“创意产业”概念之后又一个关于创新的话题，它指的是一种与创意产业相关联的城市经济发展模式。“设计之城”的提出将城市的产业基础、经济的发展方向、城市文化的定位与个体的智慧相联系，这使以创意为核心的设计行业在为局部的产业提供服务以外又找到了新的发展空间，同时也将城市发展的命题与设计发展的命题联系到了一起。

“设计之城”何以存在？设计是如何作用于城市的？这一问题成为本书研究的起点。本书并未试图提供一种详尽的城市内的设计行业调查，也未试图过于深入地探讨设计对于城市的影响程度，而是从空间的视角出发探索设计作用于城市的条件。本书将研究对象分为三个方面：场所空间、趣味空间和空间的参与者。

本书的第 1 章主要是对作为物理存在的场所空间，即城市空间的探讨。我们所研究的对象既具备广义的城市所共有的特征，也因为其特殊的地理环境、政策环境和文化环境而具备了某种特殊的城市文化特征，这些特征成为设计生长的前提条件。第 2 章主要考察城市的趣味。相对于场所的空间而言，趣味的空间是一种主观的和意识性的存在，呈现为人们对文化产品所表现出的偏好。因此，本书主要是通过考察城市在文化生产和文化消费两方面的表现来总结具体城市的趣味。对于第三个方面，即空间的参与者的研究是本文的重点。借助“场域”这一理论工具，城市的物质条件和趣味条件场域中的活动因素，与参与者的行动共同构成深圳的设计实践（第 3 章到第 5 章）。在这一“行动”着的场域中，一种建立在对设计价值的认可基础上的结构形态得以浮现，本书将这一结构形态称为“设计共同体”（第 7 章）。本书的结论最终建立于“设计共同体”这一结果之上，本书认为，“设计共同体”是联系设计文化的发出者与接受者之间的媒介，是设计作用于城市的普遍条件。

本书原名为“‘设计之城’：一种文化生成的场域研究”，应出版需要改为“‘设计之城’：与城市共生的设计产业”，以更明确、更直接地展现本书内容。本书初稿完成于 2009 年，距今天的出版已经过去了五年，在这五年中，设计在中国经济舞台上扮演了越来越重要的角色，也有越来越多的城市、越来越多的个人和团体进入，或正在这一事业之中。2010 年 2 月上海被授予“设计之都”称号，并成功举办了 2010 年上海世博会。也是在这一年，北京也传出消息，将以设计和创意产业作为动力发展经济；2012 年北京申报联合国教科文组织创意城市“设计之都”成功；2013 年 10 月，北京制定并发布《北京“设计之都”建设发展规划纲要》；2014 年初，上海发布《上海市设计之都建设三年行动计划》，提出鼓励“设计 + 品牌”、“设计 + 科技”、“设计 + 文化”等新模式和新业态发展，使上海成为高端设计资源的集聚地……十分巧合的是，深圳、上海和北京恰好代表了当代中国的三种典型的城市文化类型：被称为“文化沙漠”的新兴城市（深圳）、受传统文化影响较深的内陆城市（北京）和受西方文化影响的沿海城市（上海）。这表明，在新一轮的资源整合浪潮中，城市文化不再仅仅是一道流传在街巷坊间的小曲，而是成为一个关系到城市转型、资源配置和社会认同的综合命题。有意思的是，在2011年全国征集和确定了自身精神标语的13座城市中，"创新"一词的提及率是最高的，有11座城市都将"创新"作为自身城市的重要文化精神之一。自2005年前后理论界所讨论的"创意产业"，到深圳尝试的"设计之城"，再到今天各大城市共同提倡的"创新"精神，其中的逻辑结构一脉相承。如果每一个城市，城市中的每一个团体或个人，每一个民众或管理者，都能够循着这一逻辑积极探索，那么，在不远的将来，"中国设计"或"中国创造"也就能真的在我们的眼前遍地开花。

作　者

2014年4月

目　录

0 导论

2008 年 11 月 21 日，联合国教科文组织通过电子邮件通知深圳：联合国教科文组织总干事松浦晃一郎先生已于 11 月 19 日正式批准深圳加入“全球创意城市网络”，并授予深圳“设计之城”的称号，深圳成为我国首个参与教科文组织的“全球创意城市联盟”的城市。[①]教科文组织这样陈述深圳入选“设计之城”的理由：

> 评审团一致对深圳表示认可，因为作为一个历史短暂却富有活力和拥有年轻的人群的城市，深圳拥有快速成长的能力。在当地政府强有力的支持下，这个城市在设计生产领域拥有稳固的地位，它有着充满活力的平面设计和工业设计部门，并且在快速发展的数码设计和网络的互动设计，以及采用先进的技术和环保方案的包装设计方面均享有特别的声誉。评审团的专家十分重视深圳这种在注重经济发展的机遇与社会文化环境相平衡的

① 深圳“申都”大事记. http://sz.ce.cn/Special/2008/200812/2008-12-05/Special_20081205160355_18106.html.

条件下，将设计作为一种指导城市转型的战略性工具的远见。[①]

2010年2月26日，上海世博会开幕前夕，上海市政府举行新闻发布会，宣布上海日前已正式获准加入联合国教科文组织创意城市网络，并获得“设计之都”称号。继深圳之后，上海成为全球第七个以设计为主题的创意城市。

近年来，上海创意产业发展迅速，创意产业增加值从2004年的493亿元增加到2009年的1 148亿元，占全市GDP的比重从5.8%提升到7.7%以上。2009年上海创意产业总产出3 900亿元，增加值比去年增长17.6%，从业人员95万，其中研发设计创意增加值增长23.6%，建筑设计增长18.9%。目前，上海创意产业已形成研发设计、建筑设计、文化传媒、咨询策划和时尚消费等五大门类，形成了总建筑面积达250万平方米左右的82家创意产业集聚区，入驻企业超过5 000家，吸引来自世界30多个国家和地区的从业人员8万多人，累计吸引了近百亿元社会资本参与。下一步，上海将实行产业集聚战略，推进创意产业集聚区建设，并加强知识产权保护，完善公共服务平台，同时促进优秀人才和企业集聚，积极开展国内外交流合作，努力把上海打造成亚太地区创

① 联合国教科文组织“全球创意城市联盟”网站，http://portal.unesco.org/culture/en/ev.php-URL_ID=35257&URL_DO=DO_TOPIC&URL_SECTION=201.html.

意中心城市。

——人民网 2010 年 2 月 26 日，上海加入联合国创意城市网络，获“设计之都”称号

到了 2010 年 6 月，北京市科委又传出消息，北京市已通过《全面推进北京设计产业发展工作方案》，即将通过一个名为“首都设计创新提升计划”的实施，利用 3～5 年时间“培育设计产业 50 强企业，建设 3～5 个设计产业集聚区”。[①] 2012 年，北京申报“设计之都”工作取得圆满成功。2013 年，北京市制定并发布《北京“设计之都”建设发展规划纲要》，纲要指出，到 2020 年，北京设计产业年收入将突破 2 000 亿元，并基本建成全国设计核心引领区和具有全球影响力的设计创新中心，“北京设计”的国际影响力大幅提升。

近年来这一系列在中国最前沿城市发出的信息，都不约而同地将设计事业与城市转型的命题联系到了一起。“申都”只是一种名义，事实上，关于设计与城市的讨论开始得更早。以深圳为例，联合国文件中提到的深圳当地政府早在 2003 年就介入了深圳的设计领域。2003 年 12 月，深圳关山月美术馆举办了一次城市范围的“深圳设计 · 设计深圳”展览，这次活动成为城市该年度最重要的文化活动之一，地方政府的高层官员出席了展览的开幕式和颁奖典礼并致词，城市主要文化机构和媒体都参与其中。2003 年以后，与设计相关的文化活动数量在深圳城市范围内显著增加，城市的文化部门将设计产业的发展计划纳入城市文化的宏观战略，这一做法可见于自 2004 年以后每年出版的《深

① 刘妮丽. 北京：“设计之都”的梦想与现实. 北京商报，2010-06-07.

圳城市文化蓝皮书》。从联合国的荣誉称号到深圳的这一系列的具体活动，将“城市”与“设计”这两个概念联系在了一起，显示出城市与设计之间存在的一种共生关系。

0.1 “设计之城”① ——本书命题的缘起

本书所叙述的案例主要来自深圳，但本书并无意于探讨深圳的城市政策本身，而是探讨作为一种文化的设计在这一区域滋生、发展、被关注和被提升的过程。

深圳是第一个向联合国申请“设计之城”称号的城市。研究伊始首先遇到的一个问题是，为什么是中国深圳？深圳并没有像国家大剧院、“鸟巢”这样堪称世界一流的设计作品，而中国一直以来也只是一个设计方面的发展中国家，“设计之城”这一名称在中国的出现无疑显得有些突兀，而深圳一贯以来给人的一种“文化沙漠”和“拜金主义”的印象又不免让人怀疑这是又

① 目前，在世界范围内较有影响力的“设计之都”和“设计之城”称号是分别由两个机构提出的：一个是由国际设计师联盟（International Design Alliance，简称IDA）提出的“设计之都”（World Design Capital，简称WDC），另一个是联合国教科文组织（UNESCO）提出的“设计之城”（City of Design）。这两个组织分别于2005年提出了各自拟定的计划。获得IDA“设计之都”称号的目前有都灵、首尔、赫尔辛基和开普敦四个城市，获得联合国教科文组织的“设计之城”称号的有蒙特利尔、柏林、布宜诺斯艾利斯、神户、名古屋、深圳和上海这七个城市。已经被命名的“设计之城”城市中，柏林、布宜诺斯艾利斯、蒙特利尔为第一批，名古屋和神户为第二批，深圳为第三批，上海为第四批。虽然深圳实际上获得的是联合国教科文组织的“设计之城”称号，但深圳的政府和媒体在过去的几年中已经大量地将这一称号宣传为“设计之都”，本书在叙述深圳这一具体案例的时候也就沿用这一既定的习惯称呼，而在分析设计与城市的时候则将使用意义更为准确的“设计之城”这一名称。

一次急功近利的商业炒作。退一步来看，如果不是出于商业利益的考虑，那么，深圳这个城市何以成为“设计之城”？教科文组织的陈述中提到的平面设计、工业设计、数码设计和网络互动设计，以及“先进的技术和环保方案的包装设计”在中国其他城市也都存在，就其艺术水平、市场竞争力而言也不低于甚至高于深圳，那么，陈述中的另外一些因素——“活力”和“年轻的人群”、“经济发展的机遇和社会文化环境”的平衡——是否就是设计文化在深圳城市生长的条件？

其次，为什么是“城市”？在一般的情况下，“设计”只是从制造到消费过程中的一个环节，是一个与产品、企业形象和品牌有关的话题，其触角最远也是延伸到对消费者行为和生活方式的研究，那么，设计文化又是如何进入到城市文化这一更为宏大的命题中的？“设计”是如何与“城市”相关联，并且为何是与“城市”相关联的？这些问题都成为本书思考的起点。

研究欧洲区域创新的英国区域发展学学者菲利普·库克（Philip Cooke）和凯文·莫根（Kevin Morgan）在他们合作的《创新的环境：对创新的区域审视》一文中指出，传统的经济学研究并不重视创新的空间特性，这是因为传统的方式将企业置于产业、部门和市场的背景下进行考察，这意味着企业所处的地域与其创新能力毫无关联。随着数字通信技术的发展，“距离制约”的减少更使“地理因素已死”的想法变得极为普遍。关于这一观点最有代表性的学者应属弗朗西斯·凯尔克罗斯（Frances Cairncross），她在出版于1997年的著作《地缘之死：传播革命将如何改变我们的生活》（*The Death of Distance*：

How the Communications Revolution Will Change Our Lives）中说，新的传播方式将决定场所的最终命运，“场所将不再是大多数的商业决策所要考虑的关键内容。公司将会坐落于地球任何一个拥有屏幕设备的地点，它们能在任何地方找到劳动力。发展中国家将会迅速地进入网上服务系统，将他们本国的产品销往富裕的发达国家”。信息和传播技术改变了时间与空间的关系，并且正在创造一个无空间性的世界。[①]凯文·凯利（Kevin Kelly）在1998年发表文章说，新经济是在相对于地理而言的虚拟“空间”中运作的，假以时日，越来越多的经济交易会转移到新的空间。地理因素和不动产如繁荣的城市、原野地区或迷人的山村只是作为一种独特的存在而得以提高价值，“人将栖息在地点（Places），但是经济将逐渐栖息在空间（Space）。”[②]

然而，回应这些想法的现实却是，越来越多的创新活动以“区域块”的形式出现，空间因素非但没有因为互联网时代的到来而宣告终结，反而在创新经济的环境中扮演了重要的角色。美国加州的硅谷、波士顿的128公路、德国南部的巴登州、意大利北部的艾米利亚罗马格纳等就是典型的例子。[③] 地区性创意产业的发展引起了研究团体的关注，20世纪90年代以后，研究者们提出了许多与创意的地理因素有关的概念，如“地域生产体系”、“创新域”、“地区创新网络”，用以描述创意产业、创意人

---

① Frances Cairncross. The Death of Distance: How the Communications Revolution Will Change Our Lives. Boston, MA: Harvard Business School Press, 1997: xi-xvi.

② Kevin Kelly. New Rules for the New Economy. New York: Penguin Books, 1998.

③ [美] 菲利普·库克，[美] 凯文·莫根. 创新环境：对创新的区域审视//[澳] 道格森，[澳] 罗斯韦尔. 创新聚集. 陈劲，等，译. 北京：清华大学出版社，2000：27-29.

群和创意产品在特定的区域范围出现的现象，“创意城市”则是这些理论在现实中的反映。

“创意城市”是继“创意产业”概念之后又一个关于创新的话题，它指的是一种与创意产业相关联的城市经济发展模式，这一概念在区域经济的创新发展和创意产业的聚集两方面都备受关注。虽然在今天的现实中，“创意城市”仍然只是代表着一种城市理想和城市经济的发展方向，但是这一概念的提出却将城市的产业基础、经济的发展方向以及城市文化的定位与个体的智慧联系到了一起，这使得以创意为核心的设计行业在为局部的产业提供服务以外又找到了新的发展空间。

现代设计在中国发展至今已经发生了很大的变化，设计由高校内局部的和少数的研究发展到今天已经成为在社会范围内被广泛讨论的话题，在很多方面都有了丰富的内涵。从内容上看，设计已经由简单的创造物质产品的手段向更深的设计文化层次发展，产生了为数众多的设计师、设计组织和设计机构，一些设计行业的规范也建立起来，设计的价值逐渐被社会所认可。从设计方法上看，设计也不再仅仅局限于简单的案头工作，而是扩展到了社会观察、行为体验以及对人们生活方式的种种研究和对社会问题的深层次思考。从理论层面看，设计学的研究正在逐步超越原有的图像学思考范式而面向更为宽广的社会学领域。克莱夫·迪尔诺特（Clive Dilnot）在《设计史的状况》（*The State of Design History*）一文中谈到，随着设计学研究的逐渐深入，从语境的角度评估社会和设计实践之间的关系的研究变得十分重要。在社会关系的视角下，设计成为一种社会关系的表达方式，“社会关系和过程只能以它们在个体面前呈现的形式而被个体占用。”

而这里的“形式”就是指经由设计产生的物质形式。[①] 从社会学的角度来研究设计，考察设计文化生成的社会学条件就成为设计理论研究中的一个重要问题。城市作为一个各种社会关系和社会力量集聚、交织和相互作用的场所，为设计的社会学研究提供了一个理想的入口。本书试图从设计与城市的关系入手，通过研究城市中影响设计文化生长的若干条件来思考设计与社会的互动，希望能对我们研究设计和未来城市、社会发展之间的关系提供一个思路和方法。

本书选取城市作为探索这一问题的一个切入点，主要还基于两个现实层面的理由：

一、城市的特质。联合国教科文组织的“全球创意城市联盟”计划已经将城市视为创意经济发展的一个重要因素，参与这一联盟的“设计之城”也已经有七个。联合国教科文组织在选择城市作为创意联盟的单位时这样说道：

> 城市在利用创意推动经济和社会发展方面发挥了重要作用。城市的重要作用表现为：城市是整个创意产业链所包含的所有层面的文化参与者的栖息地，从创意行为的产生到创意生产再到创意的发散。城市是创意族群的滋生地，城市在保有创意方面具有巨大的潜力，城市间的相互交流可以传递这种潜力，使这种潜力影响到全球。城市既不是太大，可以对当地的文化产业产生直接的影响；城市也不是太小，足可成为通向国际市场的门户。

---

① ［美］克莱夫·迪尔诺特. 设计史的状况. 何工，译. 艺术当代，2005（5）.

> 今天世界一半以上的人口居住在城市。“创意城市”这一概念基于这样一个信念：文化将在城市复兴中起到重要的作用。城市政策的制定者们正越来越多地将创意纳入其经济计划的考虑中。[①]

作为创意产业一部分的设计也在城市中生长并发挥其能量，设计所赖以存在的制造业、设计师个人、设计机构、设计消费和设计市场都在城市中形成。对于设计而言，城市物理范围的有限性和交流空间的活跃性是一个适合设计文化发散的理想场所——它既不是太大，设计的产品、设计的个人和设计的活动可以在有限的范围内进行直接的互动和交流；它也不是太小，足以使设计消费和设计市场的形成成为可能，也为设计文化传播和扩散提供条件。

二、城市化过程中设计应当发挥的作用。在中国，随着工业化的发展，城市的功能日益复杂。目前，中国正处于一个大规模城市化的进程之中。据国家统计局的数据显示，在1980到2006的26年间，中国的城市化率由19.4%猛增到43.7%，[②]而且，中国已经提出2015年中国的城市化率将达到50%、2050年城市化率达到75%的目标。预计到2050年，中国大地上将出现50个人口超过两百万的特大城市、150个以上的大型城市与近两千个中小型城市。这个速度相当于在未来的四十多年内每月“制造”

---

① 参见联合国教科文组织创意城市联盟网站，Why Cities?，UNESCO's Creative Cities Network，http：//portal. unesco. org/culture/en/ev. php-URL_ID = 36754&URL_DO = DO_TOPIC&URL_SECTION = 201. html.

② 中国国家统计局. 发展回顾系列报告之七：城市社会经济全面协调发展. 2007年9月26日。

一个人口百万的城市。[1] 这样的城市发展速度将直接带来能源、环境和社会等各方面的问题。目前，中国的城市正在进入一个从文化角度出发的大范围的重新整合城市资源的时期，这一趋势为设计业在中国的发展提供了一个新的契机。

选取深圳作为本书分析的案例主要出于以下因素的考虑：

首先，作为一个从产生到发展仅三十年的城市，深圳短暂的历史和流动性的人口使得深圳城市的趣味和城市文化显现出与众不同的特点。大众文化、流行文化在整个城市文化中占据优势，开放式和无等级的趣味成为这一城市在文化方面的显著特征，如此，文化的制造者变得十分重要，设计问题也就尤显突出。

其次，深圳在2004年在国内最先提出打造“设计之都”的口号。一个城市在其发展的最初二三十年间就将设计纳入其城市文化的视野，这在全国甚至全世界都是不曾有过的现象。从设计文化的生成条件出发，笔者认为，这一现象背后存在的各种因素的交织作用是值得探讨的。

最后，历史地看，深圳对于研究中国当代设计问题的典型意义可以归结为两个方面：

从纵向历史来看，深圳确实存在一批从产业走出的职业设计师，尤其是在平面设计领域，他们也曾经组建了中国大陆第一个民间自发的设计师协会。在深圳的设计力量和设计组织中，平面设计是最具代表性的：在当时中国内地还比较闭塞的情况下，一批设计师受到香港的影响，在一个比较宽松的体制

---

① 肖媛．驶上快车道的中国城市化：多维挑战与内涵定位//王缉思．中国国际战略评论（2008）．北京：世界知识出版社，2008．

下，遇到了改革开放的机遇，因此把新的概念、新的标准和新的品质带进了内地，也因此获得了一种不同于内地设计的氛围，使深圳整个城市都开始关注和认同平面设计，这一直影响到后来政府官员对平面设计展览的关注，使他们认为深圳可以靠设计来营建一个城市的文化，甚至认为深圳就是平面设计的发源地，事实是不是如此我们暂且不谈，但是重要的是，对于设计的认同，使得深圳整个城市对于平面设计以及其他各个行业的设计的兴趣被搅动了起来。

如果单单这一事实过于单薄和孤立，那么横向的比较就会有意义得多。现代设计存在着两种发展模式：一是像英国那样自上而下的发展，由艺术家发起，借助政府的力量，通过教育和提升民众趣味来发展设计；二是美国，完全是出于自由竞争的需要，从产业走出的设计，这是一种自下而上的设计发展模式。美国目前的工业设计师协会在其最初的发展阶段也是由几股来自于不同城市的民间力量组成的：来自纽约的橱窗设计师组织、芝加哥的建筑和平面设计师组织、底特律的汽车设计师协会，还有来自西海岸家具行业的企业家发起的家具协会，所以，设计发达国家的设计也很少是作为一个整体而产生的，整体的设计面貌来自于分布在各个地区或各个城市的民间力量，一般这些地区都拥有比较发达的产业和较为密集的创意人群。这一现象和深圳的情况就十分类似，而且同样也存在着这样一个问题，即：设计师或者他们的组织，比如地方性的设计师协会，他们的力量是非常薄弱、非常微小的，是民间的和个体发展的，他们的作用应该仅限于产业内部，那么，他们的影响力是如何扩大到整个城市范围的？如此局部和薄弱的力量是如何被城市接受和认可的?

通过这样的比较，深圳这一案例就显得非常丰富：它由于体制上与内陆城市的不同，较早地引入了美国式的竞争机制；由于毗邻香港，受到香港经济、香港设计的辐射，因而在产业上也具有一定的优势；同时，由于改革开放提出了“先富起来”的可能性，使得人流迅速向深圳聚拢，他们中的很多人在内陆城市无法寻求到更大的突破，或生存遇到困难而来到深圳，这就形成了这个城市特有的移民文化特征和开放趣味；最后，与西方国家不同的一点是，政府所掌控的行政力也大量地参与了设计文化在深圳的传播，这也成为深圳的设计不容忽视的一个方面。

当然，必须明确的是，深圳提出以设计来定位城市文化，并不等于“设计之都”就真的存在了，城市将来的发展还存在着很大的变数，随着全国经济格局的变化，随着城市在全国格局中的地位的变化，以及随着全国各地设计力量的发展，城市文化还将出现什么新的情况还很难预料，不过在笔者看来，这种变数也正是我们需要继续关注深圳的一个原因。

0.2 本书的研究方法

本书讨论的问题不是某一个具体的城市文化的发展本身，也不是某一群设计者或某一个具体的设计产业的来龙去脉，而是城市与设计这两者之间的普遍关系，因此，本书在研究方法上更多地偏重于社会学而非历史学的方法。历史学的方法可以帮助我们理解人或事物的历时性特征，从而了解他们的特殊性，历史学的研究主要是通过“叙事”来展现。与此相对照，社会学的方法重在研究人类行为与社会结构之间的关系，试图从经验事实中归纳出普遍性的规律或者理论范式，因而主要是通过“解释”、“比较”等方式来推进其研究的。本书所探讨的城市与设计的关系可以说也是一种社会结构与人类行为的关系——城市既是一种物质的社会结构，也是一种精神的社会结构，而设计则是一种富于创造性的人类行为。基于上述理由，本书将主要借用社会学领域的“空间”这一视角作为本书的主要研究方法。

空间的逻辑在本书这一关于当代问题的研究中显得十分重要。对空间理论本身进行过于详尽的阐释已经超出了本书的研究范围，但是，詹明信（F. Jameson）和戴维·哈维（David Harvey）等人在空间理论中提出的“共时性”的研究视角，以及其中涉及的诸多概念对本书而言则是意义重大。这一视角促使本书作者将研究对象置于一个始终处于变化和流动状态的空间中进行考察。这样做的目的，是为了避免那种在一般情况下采取的历史叙述方法所可能引发的关于“必然性”的讨论。在空间的、而非历史的叙述过程中，实践活动开始脱离从产生、成长到成熟、繁荣这一现代性的发展观所设置的必然轨道，而进入了一个开放的、充满了偶然和机遇的动态网络之中。这样，实践活动的发展方向就不仅仅是取决于活动本身的发展逻辑，而是这一动态网络中各种实践力量相互渗透、相互斗争或相互博弈的结果，是参与者为了获取自主而彼此竞争的战场，人们在其中作出各种决断和选择，“以求改变或力图维持其空间的范围或形式。”① 正如后现

---

① ［法］皮埃尔·布迪厄，［美］华康德. 实践与反思：反思社会学导引. 李猛，李康，译. 北京：中央编译出版社，1998：17-18.

代地理学家爱德华·苏贾（Edward W. Soja）在他的著作中说的那样：“在今天，遮挡我们视线以致辨识不清诸种结果的，是空间而不是时间；表现最能发人深省而诡谲多变的理论世界的，是‘地理学的创造’，而不是‘历史的创造’。”①

在空间的视角下，本书还将借用城市、趣味、场域、共同体等社会学的概念和理论来分析城市与设计的关系，并在此基础上初步提出基于场域的设计共同体是连结两者的关键。本书涉及的主要概念包括：

空间：在本书中，“空间”这一概念具有两种涵义。一种是一般意义上作为一种范围或领域存在的空间，包括物理性的场所空间如城市，也包括意识性的氛围空间如集体趣味。第二种涵义则是指一种相对于历时性的线性叙述而言的研究视角和研究方法。通过空间的视角，本书将研究对象置于一个历史的横截面中，主要从位置、范围和规模的角度考察各种力量间的交换、传递与互补关系。

设计：本书所指的设计不是广义上的一切人造物或造物的活动，也不是具体的某一项造物活动的技能或人造物的产品如工业设计、服装设计等，而是指作为一门专业、一个学科的对于产品的设计，是各种具体设计技能、设计产品、设计师和设计活动的总称。在城市范围内，对设计的这一定义还涉及设计的组织和设计的产业。

城市：是个人、团体、组织、机构和市场的集聚场所，它为

---

① ［美］爱德华·苏贾. 后现代地理学——重申批判社会理论中的空间. 王文斌，译. 北京：商务印书馆，2004：1.

物质力量和文化力量的储备提供固定的空间，也为这些力量在相互间的传递和交换提供固定的庇护，为具有特定目的的团体间形成社会合作提供条件是城市的最本质属性。[①]

趣味：在美学概念中指审美判断。社会学则将趣味视为一种社会地位、阶级出身和文化教养的直接体现，因而是在一定限度内产生的、为同一阶层或集团共有的一致性的集体价值观。例如，在布迪厄看来，等级化的趣味是一种阶级区隔的工具。集体趣味作为一种审美活动和文化选择的前提，影响着人们在文化生产和文化消费中如何采取行动以及如何作出选择。

场域：是一种用于分析现代社会的工具，“根据场域概念进行思考就是从关系的角度进行思考。……从分析的角度来看，一个场域可以被定义为在各种位置之间存在的客观关系的一个网络，或一个构架。正是在这些位置的存在和它们强加于占据特定位置的行动者或机构之上的决定性因素之中，这些位置得到了客观的界定。”这一概念工具的提出者布迪厄（也译为布尔迪厄）认为，在高度分工的现代社会内部，社会学的研究对象将不再是宏大的社会结构，也不是现象学所关注的细碎表象，社会由一个个的“小世界”组成，这就是“场域”。场域通过自主化过程而拥有了支配自身运动的逻辑，这一逻辑不能化约为支配其他场域运转的因素，比如，经济场域中的“生意就是生意”，而艺术场域则是通过拒绝或否定物质利益的法则而构成自身的场域。[②]

---

① ［美］刘易斯·芒福德．城市是什么？//许纪霖．帝国、都市与现代性．南京：江苏人民出版社，2006：194．

② ［法］皮埃尔·布迪厄，［美］华康德．实践与反思：反思社会学导引．李猛，李康，译．北京：中央编译出版社，1998：134．

行动者：是一个与“场域”相关联的概念，是动态的个体的总称。在社会学的意义上，个人只有在行动的时候才对场域产生作用，而他们的行动又受到整个场域内其他行动者的合力的影响。同时，“行动”的意义在于，这一力量不但具有主观的能动性，而且能够通过自身的能动力量使事物的状态发生改变，因此，“行动者”是存在着差异的主动的力量，他们有能力根据自己的力量和趣味判断而采取行动。这也就意味着事物的最终状态也不是既定的和必然的，而是会根据行动者的力量和具体判断而改变其进程。

共同体：在本书中，共同体是指由对设计的行为和设计师所代表的设计标准及文化的共同认可而形成的相关共同体。他们基于共同的价值认同而采取行动，也因自身目标的关联而相互影响。设计价值的共同体由实体的设计共同体和建立在实体共同体基础之上的超共同体构成，是设计在城市范围发挥其作用的必要条件。

0.3 相关研究成果

研究当代问题的困难首先在于，由于当代问题的不确定性，很多事件尚未经过历史的沉淀，很难像对历史上的事件那样对其脉络进行清理和对其历史意义进行评价；第二，当代的事件仍然处于发展和变化之中，对其研究也不可能是完全和完整的，而只能根据现有的状态来提出一个研究的思路和研究的指向；第三，当代问题的研究成果是极其有限的，对于当代问题的关注大多集中于政策和时事的层面，而缺乏学术性的思考。

本书主要研究城市为设计这种创意文化的生成所提供的条件及其作用方式。关于这一命题的著述大多集中在产业创新领域。如菲利普·库克和凯文·莫根在他们合作的《创新的环境：对创新的区域审视》一文中特别地提到了"创新域"的概念。他们认为，创新首先是一种社会的集体努力和一种合作进程，其中企业，特别是小企业，要依赖于广大社会群体（如劳工、供应商、顾客、技术协会、培训团体等）的专业知识，而不是依靠想象。其次，地区性的贸易网络和完善的制度支持机制提供了一种以特定产业为中心的"产业氛围"，也在促进创新活动的过程中起到重要作用。最终，空间模式是创新的主要因素，因为区域化模式提供了一种"集体学习的过程"，信息、知识和最佳的实践在区域内得以快速传播，从而提高地方企业和机构的创新能力。①

另一位区域经济研究者理查德·弗罗里达（Richard Florida，又译为理查·佛罗里达）从另一个角度说明了地理因素在创意产业形成过程中的重要性。在分别出版于2003年和2006年的两部《创意新贵》中，弗罗里达从城市对创意人才的吸引力的角度揭示了地理因素对于创意阶层的重要性。② 他将在科学、工程、建筑、设计、教育、艺术、音乐与娱乐等领域从事职业的人视为创意阶层的核心力量，其特质是重视个人的创意、独立性和差异性。通过对创意阶层人口的工作环境、生活状态、个人偏好以及

---

① ［美］菲利普·库克，［美］凯文·莫根．创新环境：对创新的区域审视//［澳］道格森，［澳］罗斯韦尔．创新聚集．陈劲，等，译．北京：清华大学出版社，2000：27-29.

② ［美］理查·佛罗里达．创意新贵：启动新新经济的菁英势力．邹应瑗，译．台北：宝鼎出版社有限公司，2003；［美］理查·佛罗里达．创意新贵Ⅱ：城市与创意阶级．邹应瑗，译．台北：日月文化出版股份有限公司，2006.

大量调查数据的分析，他发现，创意人口是一个以多元化的时间观念、流动性的栖息地和多样化的生活形态为特征的阶层，因而，作为“创意中心”的城市与传统上人们理解的区域中心城市并不是重合的。在传统上，城市主要依靠自然资源或是交通的枢纽地位，或是政府给予的特殊支持而成为一个区域的中心，而作为“创意中心”的城市则表现为拥有密集的创意阶层人口、密集的创意经济产品和整体地区的活力。地方依据阶层的不同出现了新的地理划分，一些原本并不知名的城市由于成为创意阶层聚集的场所而成为创意的中心城市。美国的城市正在按照创意阶层人口和劳工阶层人口的比例重新划分其城市属性。进而，弗罗里达将影响创意城市形成的条件归结为三个“T”，即科技（Technology）、人才（Talent）与包容性（Tolerance）。他指出，传统的观点认为，经济的发展由企业带动，因而吸引企业或是建设工业区，以及为人们提供便利的交通环境和舒适的居住条件是促使城市发展的主要条件，但是，创意经济时代的情况却发生了改变，较之前者，创意人更愿意选择那些多元化、包容力强和对新观念持开放态度的地方。“大多数城市着重在大兴土木以吸引人，像是运动场、高速公路、购物中心，以及类似游乐园的旅游休闲设施。对许多创意阶级的人来说，这些其实不足以吸引他们，或者说根本没有吸引力。他们追求的是高雅舒适的环境、开放接纳的多元文化，最重要的是，能够承认他们是创意人。”①在弗罗里达提出的创意指标中，交通、居住、休闲设施这些传统

① ［美］理查·佛罗里达. 创意新贵：启动新新经济的菁英势力. 邹应瑗，译. 台北：宝鼎出版社有限公司，2003：307.

意义上促进城市经济发展的硬件条件都被淡化，而多元文化、包容度以及对创意人群的“承认”这些软性指标成为创意城市形成的重要条件。

在弗罗里达研究的基础上，中国的设计学者许平进一步提出，对于设计文化和创意文化的认同是使设计创意能更有效地应用于社会的必要的语境条件。在《创意城市和设计的文化认同》一文中，他指出，新型的城市创意文化正以一种不同以往的方式改写着全球的文化版图，人们的心理认同也正在打破固有的地理中枢及文化圈概念，突破由地缘关系结成的文化边界，重新构建一种新文化认同的心理空间，在更深远的层面影响人们的生活选择。西方现代设计在发展到20世纪80年代以后已经将设计延伸至更广阔的社会价值层面，从而为社会对于设计价值的认同提供了条件。而中国设计及设计认同在这方面则滞后于西方，仍然停留在企业内部的设计和关注个体产品设计的过程中。因而，现代设计要为城市创新作出贡献，就应该争取更为广泛的文化认同。这样，他将人们对设计的文化认同视为设计在社会发展的一个语境条件。①

产业的氛围、社会群体的相互依赖、对于创意阶层的吸引力以及对于创意文化的认同都可能是城市为创意文化的生成提供的条件。然而，这些著述都只是提出了这些条件存在的可能性，而没有对这些条件做过系统的实证研究，也没有谈到这些条件是如何起作用的，本书则将在这一方面做些尝试。

---

① 许平. 创意城市与设计的文化认同：关于设计与创意产业发展政策的断想//许平. 青山见我. 重庆：重庆大学出版社，2009.

关于当代中国设计现状的文章较为零散，而其中有相当数量还是关于深圳设计的，这一方面体现出深圳已经开始制造舆论推广设计文化，另一方面也表明，设计在深圳确实不是空穴来风。深圳设计方面的文献资料多为报刊文章，这类文章大多是宣传性大于学术性，如2006年深圳设计网站“中国设计之窗”发表过16篇题为“深圳设计之旅”的连载文章，但文章具有一定的主观色彩。此外，《深圳商报》、《城市中国》杂志和自2003年以来每年出版的《深圳城市文化蓝皮书》可被视为深圳市政府对外宣传其文化战略的喉舌。深圳以外的学者如杭间于《美术观察》上发表《设计评点：“深圳平面设计”在中国》，这主要是一篇漫谈式的文章；学术性较高的几篇文章主要发表于英国设计期刊《Design Issues》，一篇为王受之的‘Chinese Modern Design: A Retrospective’（《中国现代设计回顾》），发表于1989年；另一篇为Wendy Wong于2001年发表的‘Detachment and Unification: A Chinese Graphic Design History in Greater China Since 1979’（《分离与统一：1979年以来大中国的平面设计》）。这两篇文章题名虽然为“中国设计”，但是实际内容都集中在广东地区和深圳的平面设计方面，因此，是本书重要的参考文献。此外，Matthew Turner关于香港早期设计的文章“Early Modern Design in Hong Kong”（《香港早期现代设计》）也与本书有一定关联。2008年3月，英国维多利亚和阿尔伯特博物馆（V&A）举办“China Design Now（创意中国）”展览，该展览以上海、北京、深圳三座城市作为代表中国当代设计的显著地标，收集了目前能够代表中国的当代艺术作品、设计作品和时尚产品，在西方国家和中国得到了广泛的关注。2010年以后，随着上海成为新的

“设计之都”，围绕这一问题的讨论开始增多。2011 年 1 月，深圳关山月美术馆举办“国民·人民·公民——20 世纪中国平面设计文献展”，展览将从 20 世纪 20 年代开始的中国平面设计分为三个部分，三个阶段的叙事分别围绕上海、北京和深圳展开；2011 年最后一期的《装饰》杂志则策划了以“设计之都”为题的专栏，其中收录了 6 篇与本书内容有关的文章。

1 作为地理条件的城市空间

2009年前后，设计学学者许平在他的《“设计岛”与“明星制”——创意产业时代的品牌运行机制》一文中提出了“设计岛”的概念。在他看来，设计是一种需要资源集聚的产业，因而设计的地域因素不可忽视，而纵观一些设计发达地区，半巧合、半宿命般地共同呈现出了“岛”的特征：

> 全球范围内有几个特别引人注意的城市：伦敦、东京、香港、台北、米兰，甚至新兴的亚洲设计之城新加坡、首尔……它们都以时尚、新潮和设计师特别活跃而著名，另外还有一个共同的特点：地域集中，凭海临风，所在地域都与海岛有某些关联——给它们起个共同的名字，可以称为“设计岛”。①

那么，设计的发展和发达是否真的能与“岛”的概念相联系，“岛”的特性是否就是“设计之城”的核心所在？本章将首先从地理上的空间概念入手来查探设计发展的线索。

---

① 许平.“设计岛”与“明星制”——创意产业时代的品牌运行机制//许平.青山见我.重庆：重庆大学出版社，2009：92.

1.1 城市的发展——本书研究的背景

设计是一门跨专业的综合学科。它像一个动力十足的齿轮，每一个轮齿都因与社会的其他部分咬合紧密而高速旋转，它联系着最前沿的技术、最前卫的艺术、最新鲜的趣味和时尚、最直接的需求，以及最动荡不安的市场，任何与其相连部分的缺失都会造成齿轮的失衡，因而失去动力。而所有的这些部分，只有在城市这一环境中才是完整的，城市无疑是设计发展的土壤，我们的话题也将从最基本意义的“城市”概念开始。

1.1.1 城市的起源

在西方，“City（城市）”一词自13世纪开始就已经存在，它被用来指涉一种比“Town（城镇）”更为高贵的居住地。而“City”作为一种与工业或商业相联系的、区别于乡村（Country）的独特居住地类型的用法则源于16世纪。工业革命使英国成为世界上第一个人口大部分集中在城镇的国家，“City”因此曾经一度被用来专门指代英国的首都伦敦，这一用法后来被普及为指涉某个国家的行政中心。到了18世纪以后，随着欧洲大陆的金融与商业活动的扩张，“City”的现代意义才逐步建立。它不再被仅仅用来指涉一个国家或一个地区的工商业和金融中心，更代表着一种与工业文明以及民主社会相联系的生活方式的集合。①

---

① ［英］雷蒙·威廉斯. 关键词——文化与社会的词汇. 刘建基，译. 北京：三联书店，2005：43-45.

世界上最古老的城市在哪里？从20世纪30年代至今，考古学家们一直都在不停地探索这个问题。考古的证据表明，城市的起源，或说城市的形成存在着两种不同的发展模式。根据目前的考古发现，现在属于伊拉克、土耳其一带的美索不达米亚平原南部和叙利亚北部都有可能发展起了世界上最早的城市（图1-1）。在美索不达米亚南部，城市是在统一政府领导之下由中心向外扩张而成的。而在叙利亚北部的泰尔—布雷克遗址(Tell Brak)，人们却发现，这里的城市最初是由数个小卫星城聚合、相互联系并向内发展而成的。一是由内向外扩散，二是由外向内聚拢。这也许是城市最早的两种形成模式。哈佛大学考古学家杰森·尤尔指出：“城市对周边村庄的控制并不严，至少在初期是这样。因而我们设想人们聚居此处纯属自愿。”

图1-1 泰尔—布雷克遗址中的一道石头长墙。考古学者发现，在公元前3 900年左右，曾有一座古城在这里盘蜒约52.6万平方米。大量的陶瓷碎片表明，这里曾有庞大的官僚机构密集分布，同时也云集了众多的能工巧匠，为当时的统治者制造了大批精美的雕刻和其他奢侈品

19世纪以后，西方的社会学家对于城市也有着多种不同的解释。如马克斯·韦伯（Milx Weber）在《经济与社会》一书中从经济的角度将城市定义为一个“市场的聚落”。他认为，“城

市是相对而言封闭的聚落，而不仅仅是一些分散的住所的集合体。……另外一个概念是纯粹数量上的：它是一个大的场所。……用社会学的说法是，城市是个住所空间封闭的聚落，这样形成的区域是如此广阔，以至于城市以外地区邻人间来往密切的特色在此极为缺乏。如果我们尝试采取一个纯粹经济角度的定义，那么城市就是一个其居民主要是依赖商业及手工业——而非农业——为生的聚落。在聚落内有一常规性——非偶然性——的交易货物的情况存在，此种交易构成居民生计不可或缺的成分，并满足他们的要求。……其本质是一个市场聚落"。[①]列斐伏尔（Henri Lefebvre）则从文化的角度将城市界定为一种从土地到文化的产品的汇合："都市（Urban）是一种形式，是全部社会生活的要素汇合与集中的形式，从土地的出产品（具体地说是农业产品）到所谓文化的符号与作品。根据汇合、集中与信息的要求，都市在这一分化、隔离的否定性过程中表现了出来。"在列斐伏尔看来，同时性是城市最为重要的特性，"作为一种形式，都市负有这样的名义：同时性。……被都市集中和同时化的东西，可能是多种多样的，这就是物品、人、符号；而关键的，是集中和同时性"。[②] 20世纪初的历史学家斯宾格勒（Oswald Spengler）更关注城市中的主体——人的存在，认为城市之所以区别于乡村，不是因为范围的大小，也不在于其中存在的物品的多少，而是一种

---

① ［德］马克斯·韦伯．城市的概念//薛毅．西方都市文化研究读本．桂林：广西师范大学出版社，2004：253-256.

② ［法］亨利·列斐伏尔．城邑与都市//薛毅．西方都市文化研究读本．桂林：广西师范大学出版社，2004：431.

“心灵的存在”。[①] 人的主体性在城市中发挥到了一个新的维度。

城市理论家芒福德（Lewis Mumford）对城市的定义则更为完善，他引用了一位生活在伊丽莎白时期的观察家约翰·斯透（John Stow）对于城市的描述来定义城市：

> 人们为了追求正直和利益而来到了城市和联邦，伴随着城市、民间团体和公司的诞生，自然很快就形成了商业。这时的人们已经不再使用野蛮的暴力，而是通过谈判达成协议，举止更文明、更人性化，并且更加公正。于是，良好的举止理所当然地被认为是城市化的象征，在城市中，我们显然比别的地方看到的文明现象更多些。因为个人始终生活在他者的注视下，也更易被训练得公正，并且用羞愧来抑制自己所受到的伤害。
>
> 然而，联邦和王国除了坚持各种美好的愿望，强调人要热爱他人，并没有其他更明确的立场。这样的态度虽然也在城市中滋生与维持，但在城市中，人们可以通过共同的社会进行合作，组成联盟、民间团体和法人团体。[②]

在芒福德看来，由具有特定目的的团体形成的社会合作是城市的最本质属性。从客观上看，城市存在的意义就是为各种力量的聚集、内部交换、储备提供固定场所、庇护所及设施；而

---

① ［德］奥斯瓦尔德·斯宾格勒. 西方的没落. 吴琼，译. 上海：三联书店，2006.

② ［美］刘易斯·芒福德. 城市是什么？//许纪霖. 帝国、都市与现代性. 南京：江苏人民出版社，2006：193.

从社会的意义来看，城市的意义则在于区分社会劳动（图 1-2、图 1-3）。“整体而言，城市是一个集合体，涵盖了地理学意义上的神经丛、经济组织、制度进程、社会活动的剧场以及艺术象征等各项功能。”①

图 1-2　文艺复兴时期画家彼得·布鲁盖尔描绘城镇生活的作品《荷兰格言》，描绘了当时的城镇生活

中国的“城市”概念在起源上与西方并不完全重合。在中国的城市发展史中，“城”与“市”分属两个不同的概念。② “城”是一种防御性的构筑物，主要用于军事防御，是指有“御敌围墙，四周筑有高墙，环绕壕沟的防卫设施”。《周礼·考工记》曰：“匠人营国”，就是工匠营建城墙。《三国志》中的“空城计”也发生于这样的一个军事空间。

图 1-3　12 世纪波恩市的建设情景（现藏于波恩市立图书馆）

① ［美］刘易斯·芒福德．城市是什么？//许纪霖．帝国、都市与现代性．南京：江苏人民出版社，2006：194．

② 董鉴泓．城·市·城市//中国城市科学研究会．中国城市科学研究．贵阳：贵州人民出版社，1986：122-125．

而“市”则是指集市，是民间进行货物交易的场所。起初集市并没有固定的场所。《周易·系辞》曰：“日中为市，致天下之民，聚会天下货物。交易而退，各得其所。”后来交换开始成为常态，“五十里有市”①。中国在其封建社会的鼎盛时期逐步达到“城与市融”，但根据起源划分的城市的这两种基本类型至今未变。从城市的起源来看，中国城市可以被粗略地分为“帝都型”和“市场型”两种类型，前者以军事要塞为雏形而建立，如西安、洛阳、南京和北京；后者在起源上则更类似于西方的城市，为各地区易于交通贸易的口岸要道，如上海、扬州、泉州和广州（图 1-4、图 1-5）。②

图 1-4 19 世纪初广州开港情景，广州是典型的“因市而城”，由港口贸易而形成的城市

图 1-5 瓷器上描绘的中国城堡，依山而建的城墙和周围的水构成严密的军事屏障

比利时历史学家亨利·皮雷诺（Henri Pirenne）提出的有关城市起源的几种类型对于本书而言有直接的借鉴意义。在《中世纪的城市》一书中，皮雷纳叙述了 1060 年左右一支修士组成的

① 见《周礼·地官》。

② 程汉忠. 制造城市. 北京：中国水利水电出版社，2003：13.

列队到达地中海地区时的一段情景：居民“一窝蜂”地出来迎接他们，“他们首先将虔诚的客人引到位于城堡围墙内的圣法拉伊尔德教堂，第二天他们走出城堡去到新近在港口建立的施洗礼者圣约翰教堂”。因此，皮雷纳分析说，这里出现了不同起源和性质的两个居民点并存的例子：堡垒和港口，正是通过这两种成分的逐渐融合，第一个一点一点地被第二个所吸引，城市就诞生了。[①]此外，皮雷纳还将城市的基本属性归结为两点：市民阶级的居民和城市组织。因此，市民阶层的城市也成为城市起源过程中形成的一种基本类型。关于市民的城市，皮雷纳这样说道：为了同领主的城堡相区别，商人的聚集地被称为“新堡”，新堡的居民最迟从11世纪起得到市民（Burgenses）这个名称，而这一名称从来没有应用于旧堡的居民（Castrenses）。因此，城市居民的起源问题不应在原来的堡垒的居民之中，而应在移民之中去寻找答案，商业使得移民大批来到原来堡垒的周围，并逐渐将老居民同化。[②]

此外，在近现代，由于石油等矿产资源的发现和利用，包括我国在内的一些国家还出现了一种被称为“资源型城市”的城市类型，这些城市的共同特征是拥有某种丰厚的矿产资源，如煤炭、石油、天然气、钢铁等，并以该种资源的开发加工为主要职能，城市人口中的大多数都从事与该种资源的开发和加工有关的工作。这些城市如我国的东北地区的阜新、大庆、伊春，山西的

---

① ［比利时］亨利·皮雷纳. 中世纪的城市：经济和社会史评论. 陈国樑，译. 北京：商务印书馆，1985：90.

② ［比利时］亨利·皮雷纳. 中世纪的城市：经济和社会史评论. 陈国樑，译. 北京：商务印书馆，1985：81-103.

大同、长治，河北的邯郸等。据国家发展改革委一项名为《中国资源枯竭型城市转型报告》的课题统计，我国共有资源型城市118个，约占全国城市数量的18%，总人口1.54亿人。目前，我国20世纪中期建设的国有矿山已有三分之二已进入“老年期”，44座矿山即将闭坑，390座矿城中有50座城市已经资源枯竭，300万职工下岗，1 000万职工家属的生活受到影响。[①]

综合来看，从城市的起源理解，我们可以将城市的类型分为帝都型、要塞型、口岸型和资源型四种类型。对城市起源的理解和对中国城市类型的这一划分将有助于理解下文即将阐述的城市特性和城市趣味。在全球化的背景下，每一个城市都在以更快的速度和以更密集的方式竞相让自身成为各种人才、技术、资金以及信息的聚集场所，尽管这一飞速的现代化进程难免使城市呈现出“千城一面”的外貌，但是，进入21世纪以后城市之间竞争的加剧使得城市的文脉变成城市潜在的宝贵资源。

1.1.2　城市理论的发展

城市研究始于19世纪末的城市规划理论。美国的布兰齐（Branch）曾经对城市研究的学术史作过整理，他将19世纪末到二战前这一时期视为城市研究的早期阶段。在这一阶段的理性主义和现代化史观的支配下，城市科学的核心是建筑学、园林学和工程学，其中尤以建筑学为盛，埃尔佛雷德·韦伯（Alfred Weber）、伯吉斯（Burgess）、黑格（Haig）有关城市结构的著作

---

① 国家发展改革委课题组. 中国资源枯竭型城市转型报告. 领导决策信息，2005（15）.

都在这一时期出版。二战以后到60年代中期是城市研究的中期阶段，在这一时期，地理学、法律学、政治学、社会学和经济学逐渐进入城市研究的视野，城市规划中加入了居住学研究、公共交通研究、城市改建、视觉设计、市中心规划等内容。60年代中期以后至今为城市研究的近期阶段，管理学、环境科学、生物学、生态学、化学、心理学、通信、信息与传播等新的学科受到城市研究者普遍的重视。[①]“城市是什么”以及城市的功能问题再度被提到研究者的面前。

20世纪二三十年代的城市研究者多以一种进化论的态度来看待他们所生活的世界，在进步史观的影响下，很多城市研究者认为，那些城市生活经验最丰富的群体会优先蓬勃发展，因为只有他们的文化发展才与当时的经济和技术发展阶段相适应。随着城市的现代化，这些群体也得以实现现代化并部分地保留其原有的文化特征，而那些缺乏城市生活经验的群体在经济和技术上必然滞后于有城市生活经验的群体。最为突出的一个表现就是那些初来乍到的群体进入城市后很快就成为城市贫民，孤立于城市社会生活之外，并丧失了他们原有的文化。而只有经过几代人的努力，在他们学会了城市生活的经验后才能融入城市生活，成为城市的主人。[②]这一论点将城市视为现代化文明的象征物，人只有适应了城市的生活才能取得发展。因此，20世纪二三十年代的城市研究将重点放在对城市功能的研究上，例如建筑和城市

---

① 吴良镛. 多学科综合发展——城市研究的必由之路//中国城市科学研究会. 中国城市科学研究. 贵阳：贵州人民出版社，1986：44-45.

② 赞恩·米勒. 城市与政治品德的危机——城市史、城市生活和对城市的新认识//王旭，黄柯可. 城市社会的变迁. 北京：中国社会科学出版社，1998：5.

规划。研究者多从功能角度对城市的未来提出构想。欧洲建筑界的精英们纷纷发表自己对于未来城市的构想，其中最具代表性的就是柯布西耶的“光明城市”（Radiant City）规划和霍华德的“田园城市”（Garden City）理论。在教育领域，美国哈佛大学于1900年最早设立了以建筑设计为核心的城市规划学系。

芝加哥学派的城市社会学理论代表了城市学第二阶段的最高成就。芝加哥学派的兴盛适逢美国城市的大发展时期，芝加哥的城市建设被视为整个美国城市发展的缩影。1840年芝加哥还是个仅有4 000多人的小镇，1890年它的人口达到100多万，1930年则超过了300万。城市人口的剧增极大地改变了美国的社会结构，并带来严重的城市社会问题。这些现实问题迫使芝加哥的城市研究必须将社会问题纳入城市学的视野，并在20世纪60年代发展出一套系统的城市社会学的理论。在罗伯特·帕克等人的大力推动下，芝加哥学派对城市进行了广泛而深入的研究。① 与欧洲的建筑精英的理想不同，芝加哥学派将“人”视为城市的主要要素，在他们看来，城市是一个大规模的和密集的人的长久居住地，是不同的社会性质使城市显示出各自不同的面貌，从“人”的角度提出这一城市定义将城市学的研究方法引向了生态学和社会学领域，自此，以人的活动和生活方式为核心的“城市学”（Urbanology）研究才真正确立起来。

由此可见，城市理论经历了从重视静态的建筑到重视动态的人的活动的发展过程，这反映了人们对城市认识的深化。将城市

---

① 秦斌祥. 芝加哥学派的城市社会学理论与方法. 美国研究，1991（4）.

视为人的集聚空间，把人的活动作为城市概念的基本要素是本书研究的起点。只有在城市这一独特的空间，个体的力量才能够成为资源，个体的习性才能够通过交往等形式凝聚成城市整体的趣味，也只有在城市这一独特的空间，设计调用各种资源的尝试才成为可能。

1.1.3 城市化的挑战

理论研究的转变反映出现实的迫切要求。城市研究从对建筑、工程领域的角逐扩展到文化层面的探索，目的是为现实中快速的城市化所造成的危机谋求应对的方案。

所谓城市化，人口学将其定义为：农业人口向非农业人口转化并在城市集中的过程，表现在城市人口的自然增加，农村人口大量涌入城市，农业工业化，农村日益接受城市的生活方式。[①]从社会学来看，城市化不仅包括城市规模的扩大、城市人口在总人口中比重的增长，还包括公用设施、生活方式、组织体制、价值观念等一系列方面的变化，以及这种变化对周围农村地区的传播和影响。[②] 20 世纪 20 年代，西方的工业化和城市化进入鼎盛时期，城市区、都市区迅速产生。在美国，1790 年时城市人口仅占总人口比重的 5%，而到了 1920 年，这个数字上升至 51.2%。[③]。就世界人口而言，20 世纪初全世界有 1.5 亿人居住在城市地区，占世界人口不足 10%，到 21 世纪初，世

---

① 中国百科大辞典. 北京：华夏出版社，1990：150.

② 李其荣. 对立与统一——城市发展历史逻辑新论. 南京：东南大学出版社，2000：105-108.

③ 王旭，黄柯可. 城市社会的变迁. 北京：中国社会科学出版社，1998：2.

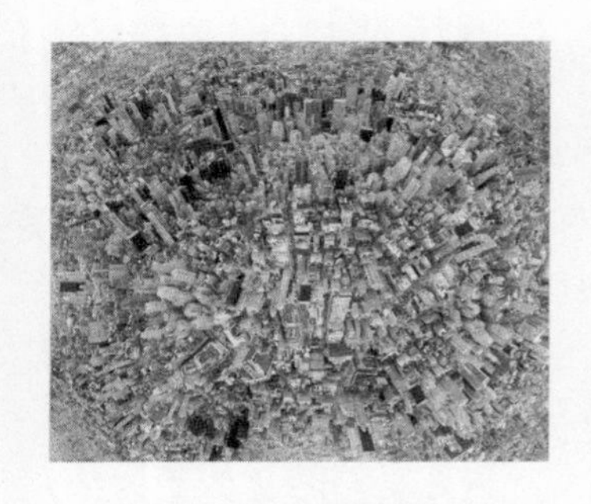

图 1-6　城市化使越来越多的人和资源集中到城市，近百年来，城市所创造的财富几乎达到了以往人类所有财富的总和

界城市人口接近 30 亿，在一百年间增加了 20 倍，几乎占世界人口的一半（图 1-6）。①

城市化为工业社会的产生和发展带来了巨大的人力和资源，近百年来，城市所创造的财富几乎达到了以往人类所有财富的总和。但是，同样不可否认的是，人口的过度集中势必会带来犯罪、住房、教育、污染、公用设施的超负荷和失业等一系列问题。

21 世纪的中国也同样面临着这一难题。目前，中国同上个世纪中叶的西方一样，正处于一个大规模城市化的进程之中。②事实上，在 2011 年 1 月 17 日国家统计局公布的截至 2011 年末的人口统计中，中国城镇人口已经首次超过农村。这样的城市发展速度将直接带来能源、环境和社会等各方面问题。如果每一个城市的发展都采取过去那种以能源换取产出的做法，可想而知，整个中国将会不堪重负。在这一背景下，很多中国学者借鉴了二战后西方学者提出的“城市文化”的概念，提出要以文化来发展城市，这一思路很快得到了中国政府的响应，突出的表现就是很多城市开始将目光投向城市的文化，从关注工业生产转向关注其自身的历史或地理等文化资源，从文化的角度出

① 单霁翔. 关于“城市”、“文化”与“城市文化”的思考. 文艺研究，2007（5）.

② 肖媛. 驶上快车道的中国城市化：多维挑战与内涵定位// 王缉思. 中国国际战略评论（2008）. 北京：世界知识出版社，2008：238.

发，为城市的未来谋求出路（图 1–7、图 1–8）。

图 1–7 《城市化》组图之一，杨森，2010 全国摄影艺术展览获奖作品，进入 21 世纪以后，越来越多的当代艺术作品开始对城市化表现出焦虑

图 1–8 《城市空间》海报设计，2007 年“平面设计在中国”展览作品

1.2 城市文化与设计

此外，从城市本身的成长来看，城市发展的过程也不仅仅是一个空间维度的扩展，也体现出时间维度的发展和变化，城市文化是城市在时间这一维度上的发展结果。因此，如果在城市化的另一方面将城市视为一个成长的有机体，那么对于城市文化的培育也是必不可少的。

目前，中国从“文化”角度发展城市主要有两个层面的内容：一是属于“硬件系统”的城市规划，如注重环境、能源，或说人性化的居住形式等，其源头实际上就是芝加哥学派的实践；二是在旅游业鼓励下发展起来的“软件系统”，即城市的品牌形象。城市的“品牌形象”在某种程度上与20世纪中期发展起来的企业形象策略相类似，设计在这一过程中可以扮演推广者的角色。但是城市品牌又有其特殊之处，推动这一“软件系统”发生的不仅仅是经济效益，因此，设计在城市文化中的角色也可能并不仅仅是一种工具，其本身就是一门有生命力的产业。

1.2.1 从功能的城市到文化的城市

20世纪中叶，在芝加哥学派的城市社会学领域之外，人们对城市有了新的认识。这一认识使得城市文化成为一个新的研究课题。

出版于1961年的城市学名著《城市发展史》的作者芒福德看到了城市作为复杂的有机系统之外的文化的重要性。他发现，物质空间背后各种相互作用的人文因素决定了城市的发展，因而反对柯布西耶提出的“光明城市”理想，认为这种将复杂的城市规划等同于简单的物质形体的设计方式过于武断，因为城市是一个具有生命和富有文脉的有机体。“如果我们仅只研究集结在城墙范围以内的那些永久性建筑物，那么我们就还根本没有涉及城市的本质问题。”[①] 非但如此，芒福德更相信城市是一种超越了生命有机体的艺术存在，在他看来，“城市不仅培育艺术，其

---

① ［美］刘易斯·芒福德. 城市发展史：起源、演变和前景. 宋俊岭，倪文彦，译. 北京：中国建筑工业出版社，2005：3.

本身也是艺术，不仅创造了剧院，它自己就是剧院。正是在城市中，人们表演各种活动并获得关注，人、事、团体通过不断的斗争与合作，达到更高的契合点。”他将城市视为一个剧院，社会的戏剧在其中上演，社会的个人、各种团体和组织依靠相互的汇聚而得以强化自身，而城市则是所有行动的前提，“社会戏剧的出现自然需要借助于各种集体活动的汇集和强化，如果没有社会戏剧的存在，即使是最单一的功能都不能在城市中得到实现。……人们在城市中都有这个各自的目的，但是城市的属性却限制了人们的社会活动。”[①]同样对城市文化投以关注的还有雅各布斯（Jane Jacobs）的《美国大城市的死与生》（*The Death and Life of Great American Cities*，1961）。在随后的几年内，着眼于文化的城市理论相继出现，如凯文·林奇（Kevin Lynch）的《城市意象》（*The Image of the City*，1960）、亚历山大（Christopher Alexander）的《城市不是一棵树》（*City is Not a Tree*，1965）、拉普卜特（A. Rapoport）的《住宅的文化与形式》（*House Form and Culture*，1969），以及建筑理论家罗伯特·文丘里与其妻子合著的《向拉斯维加斯学习》（*Learning from Las Vegas*，1972）等。除此之外，还有“拼贴城市”、“空间句法”等相关理论纷纷出现。

20 世纪末期世界对于城市文化的研究则逐渐脱离了城市的物质空间或社会空间的讨论而进入了文化批判的层面。沙朗·佐京（S. Zukin）在《城市文化》（*The Culture of Cities*，1995）一书中描绘了美国城市发展过程中文化所起的重要作用。她试图说

---

① ［美］刘易斯·芒福德. 城市是什么？//许纪霖. 帝国、都市与现代性. 南京：江苏人民出版社，2006：194.

明，文化作为意念与记忆的来源，是控制城市空间的一种有力手段。借助城市这一特殊空间，文化达到了其强加于人们日常生活的欺骗性目的，人们最终只有借助文化才能确认自身是否“属于”自身所在的特定区域。文化批判并不是本书所要研究的主要方向，但是，从地理空间和文化空间的双重角度出发进行研究的这一方法却是引起本书关注的一个重点。本书也将借助这一视角，将所考察的对象置于特定的地理空间和文化空间的背景之下，描述设计所呈现的具体面貌，以探索城市发展和设计文化之间是否存在某种联系。

无论如何，在20世纪末的现实生活领域，旅游业的刺激和产业的需求使这些零散的研究最终形成了切实的行动，世界上的诸多城市开始进入城市文化的角逐。城市文化成为实践领域的一门显学，成为从学者到商人、从政府到民众都津津乐道的一个话题。

1.2.2 城市条件下的设计形态

研究文化的学者通常将宽泛的文化概念分解为由高到低的五个层面：一是价值观念层面的文化，它涉及一个社会整体上的价值取向、精神气质和趣味，决定人们赞赏什么，追求什么，选择什么样的生活目标和生活方式。在古代，这一层面的城市文化主要表现为宗教。[①] 二是语言和符号层面的文化，它们是沟通的手段，也是积淀、贮存文化或凸现文化的工具。三是规范体系，是

① ［美］刘易斯·芒福德. 城市发展史：起源、演变和前景. 宋俊岭，倪文彦，译. 北京：中国建筑工业出版社，2005.

人们行为的准则，比如礼仪、典章和训诫，用来调整人们的各种社会关系。四是社会关系和社会组织，社会关系既是文化的一部分，又是创造文化的基础，社会组织是实现社会关系的实体。五是为数众多的物质产品，是文化的有形部分，是其他各个层面的文化所体现的具体形式。[①] 城市文化也可以遵循这一原则分解为由高到低的五个层面。其中，价值观念居于形而上的最高层面，控制和决定着其余四个层面文化的所有活动，物质产品、社会组织、规范体系和符号综合起来都会对城市的价值观念产生某些影响，但是没有任何个人或团体能够完全左右一个城市的价值取向。所以，这一层面的文化可控度是最低的。对于文化层级的划分有利于我们理解设计在城市文化中的作用（图 1–9）。

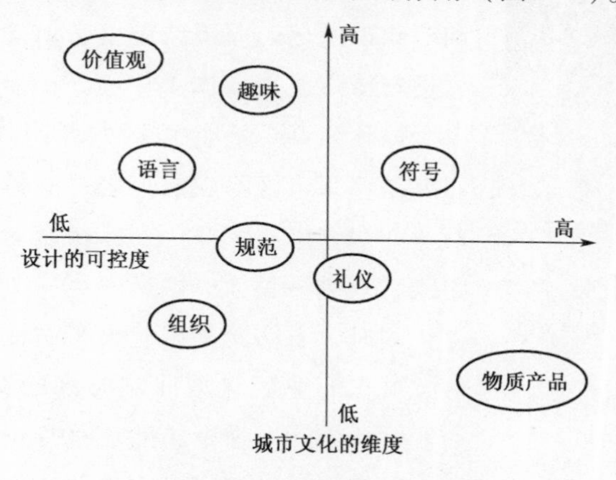

图 1–9　设计在城市文化中的作用

通常情况下，设计总是作为一种工具或手段与最基层的城市

① 单霁翔. 关于“城市”、“文化”与“城市文化”的思考. 文艺研究，2007（5）.

文化即城市的物质产品相联系。中国的大多数城市的历史都在百年（有的甚至是千年）以上，在城市发展的历史过程中已经积累起一定数量的特定的传统文化形式或固定的文化符号。通过设计（建筑、环境、平面、服装等），这些传统文化的形式和符号可以重现，并得以强化。设计作为一种工具而重现城市本身固有的文化特征，或符号化这些特征。在这一情况下，设计是隐性的，设计创造的是可以彰显城市文化的物质产品，即仅作用于上述文化层级中的第一层。例如，作为历史文化名城的苏州在其新区建设和旧城改造中就对建筑的形式提出了严格而明确的规定，总体来说，即“保护和发扬古城特色，形成具有独特水乡风貌的现代化城镇”，除城市中心区外，苏州新区和苏州市所辖的周边城镇也必须按照这一目标进行城市改造（图 1-10）。[①]

图 1-10　苏州平江路老街的现代店铺，传统的元素在其中展现

以苏州阊门石路地区的城市设计为例，石路是苏州市区除观前街之外的另一个重要商业和购物中心，并位于苏州城区经典旅游路线“观前—留园—西园—虎丘”的线路中点，同时，石路又是城北火车站往城南居住区、城东商业区往城西旅游区的交通枢纽，商业、旅游和交通枢纽的三重身份使得这一地区的规划设计显得尤为重要。设计方案经过层层商讨和论证，从 2005 年 6 月开始直到 2007 年 1 月，历时一年半时间才通过市政府的最终审批。在关于《苏州市阊门石路

① 苏州市城市规划局. 苏州市城镇体系规划 2002—2020. 2004 年 11 月.

地区详细规划和城市设计》的文件中我们读到了以下“要点”:

> 规划设计要点:总体结构为形成整合的“古典剧、现代剧和新编历史剧”连台戏;道路交通为应该进得来、出得去、停得下、兜得转;绿地水面为突出地方特色,提高环境质量;建筑风貌为继承传统、和谐发展、旧貌新颜、华美前沿。①

从这一实例中我们可以看到,在苏州这样的历史文化城市中,即便是一个现代化的商业区设计,也须得根据其原有的城市文化脉络进行规划,“古典”、“历史”、“传统”、“旧貌”和“恢复”成为文化产品设计的关键词,其中提到的“进得来、出得去、停得下、兜得转”的设计思路无疑也是取自苏州古典园林的创作规范。所以,设计作为一种手段帮助这个城市再现了其有特色的城市文化,如果说设计参与了苏州的城市文化,那也仅仅是参与了城市文化的第一个层面——文化产品的内容。城市通过专业的设计团体与设计产生联系(图1-11)。

另一种情况下,设计也可能以一种文化的形态在城市中存在。在设计的工具性的另一面,设计还具有文化的属性。设计文化本身也有着多重的层面,如从最基本的设计产品层面、设计的标准和规范的层面以及设计价值的层面,具体表现为与设计有关的文化活动在城市范围的广泛开展、设计师知名度的提高、设计知识在城市民众中的普及,以及无形的设计市场和设计消费也在其中形成。在这种情况下,城市与设计之间就不仅仅是一种目的

① 苏州市城市规划局. 苏州市阊门石路地区详细规划和城市设计. 2007年6月.

图 1-11　贝聿铭设计的苏州博物馆，
以苏州原有建筑形态为其主要设计元素

—手段的关系。例如近几年以来的深圳，设计文化成为城市文化的一部分，表现为一种被广泛推广的文化符号，甚至成为一种新价值的载体而在这个城市广泛传播（图 1-12）。因而，城市空间

图 1-12　在深圳，“设计”成为一种被广泛推广的文化符号

成为设计作用于城市的必要条件。在城市这一空间，城市的产业为设计的发生提供了技术条件，城市的人群使设计消费得以产生，城市所聚集的各种资源和力量为设计市场的出现提供了可能，正如芒福德所说的，在城市这个舞台上，各种角色扮演的社会戏剧都在这里上演。

1.3　深圳的城市空间

深圳地处广东省南部沿海，其南与香港新界接壤，西连珠江口，是中国改革开放的门户城市。深圳在 1979 年之前是广东省惠阳地区所辖新安县内的一处渔港，1913 年新安县改名为宝安县。新中国成立以后，由于当时国内国际政治气候的影响，宝安县一直是军队、警察严密封锁把守的边防地区。1979 年 2 月，国务院发布 38 号文件，提出要在若干年内把这一地区建设成为“相当水平的工农业结合的出口商品生产基地；吸引港澳游客的旅游区和新型的边境城市”。同年 3 月，宝安县改名为深圳市，受惠阳地区和广东省委的双重领导。4 月，广东省委向中央提出在临近香港、澳门的深圳、珠海、汕头建立出口加工区，得到了邓小平的赞同和倡导。11 月，深圳市改为地区一级省辖市，直属广东省领导。1980 年 5 月，中共中央和国务院发出 41 号文件，明确指出要积极稳妥搞好特区建设，并将“出口特区”改为“经济特区”。从此，深圳正式定为“经济特区”。同年 8 月，全国人大常委会通过颁发了《广东省经济特区条例》，对外宣布“在深圳、珠海、汕头三市，分别划出一定区域，设置经济特区”。1988 年 11 月，国务院正式批准深圳市在国家计划中包括财政计划实行单列，并赋予其相当于省一级的经济管理权限。1992 年 7 月，全国七届人大常委会授予深圳市人民代表大会及其常委会和深圳市人民政府有制定法律和法规的权利。此后，中央对广东实行的特殊政策不仅使广东省财政收入大幅度增长，还使广东地方政府的自主权明显扩大，珠江三角洲成为中国改革开放的先行者。而由于紧邻香港，深圳更成为珠三角的心腹之地。

目前深圳下属福田、罗湖、南山、宝安、龙岗和盐田六个区，其中福田、罗湖、南山和盐田区位于特区内。

1.3.1 深圳城市的空间形态

在2007年一篇描述深圳的《城市再生》的文章中有这样的描述：深圳是一个位于边界之上的城市，“毗邻香港的区位以及出口主导型经济对香港的依赖，使之沿着深港边界延展成为一个狭长的、面向香港的带状城市。‘边界’逐渐成了整个深圳的一种内在属性——它不是在边界上，而是在边界中。”①从地理形态来看，只要历史稍长一点的中国城市都是向心力很强的城市，城市的市中心概念十分明确，无论帝都型城市还是市场型城市都是如此，“环城路”在很多城市都存在，起初大多是以市政中心为中心，由内向外辐射形成。而深圳则是一个沿着海岸线形成的东西向伸展的狭长形城市，城市南北距离短而东西方向距离长。在深圳询问市中心的所在是一个令人疑惑的问题，人们会反问你的目的究竟是什么，如果是购物，那么可以到东面的罗湖，如果想要进行文化消费，那么应该在城市的中部，那里是图书馆、美术馆和音乐厅集中的地方，而如果想要娱乐和休闲，那么再往西就有大型的游乐场和公园……深圳只有曾经因为行政原因而划分的“关内”和“关外”的区别，而少“中心”和“郊区”的概念。此外，深圳的居民区的分布也十分分散，商业楼、居民区和休闲场以自东向西延伸的深南大道为主

---

① 姜君，曹恺予. 深圳再生. 城市中国，2007（24）：16.

轴线向两边展开。对比中国的传统城市，深圳城市的“无中心”特征就显得十分明显。例如，上海曾经以黄浦江作为分界来区分城市的中心和郊区，有“上只角”和“下只角”说法；而北京不但有数道环线标明市中心向城郊的扩散，同时还有着“南贫北贱，东贵西富”的说法。这些地理的区分还包含了浓郁的人群、阶层和趣味的区分，尽管城市化的进程已经使这些地理的概念日益模糊，但是在人们心理上的这些“上”和“下”、“中心”和“边缘”的等级差别依然十分明显（图1–13）。而深圳则似乎是有意地打破了一般以市中心向郊区辐射或中心与边缘相区隔的城市空间构造，也因而打破了一种以中心和边缘相区分的心理规则。

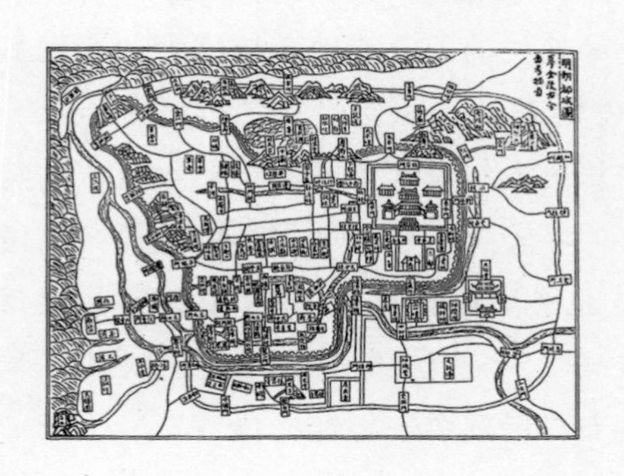

图1–13　中国很多城市目前的规划都留下了深深的“帝都”烙印，以皇城为中心向四方辐射

1.3.2　深圳的人口特征

移民人口众多和以中间层为主的市民群体是深圳人口的主要特征。

1）深圳是个移民城市

深圳现有人口约1 200万，其中常住人口约846万，户籍人口约为200万。深圳本地人口仅占人口总数的六分之一。[①] 确切地说，这200万人口也并非真正意义上的“深圳人”，因为在深圳建城之前的1978年，这一地区人口仅32万，即便是按照中国30年来的人口平均增长率来看，到2007年，真正的深圳“本地人”数量也不到50万，深圳绝大部分人口为外来移民。这些移民来自全国各地。经济特区建立之初，国家在北京、上海等地征调了一批干部和一批基建工程兵先来援助深圳建设，此后这批建设者就地转业变为深圳市民。每年从全国的高校毕业分配前往深圳就业的院校毕业生也占人口的一部分。除此之外，846万人口中的大部分是在这30年中自由迁移而来。按照移民社会的有关定义，外来人口占社会总人口的比重在50%以上，且外来人口在社会生活的各个方面占主导地位的国家或地区被称为“移民城市”，深圳是一个典型的移民城市。

较之其他城市，深圳的移民人口有两个不同于一般城市的特征：一是深圳人口年龄构成的年轻化，使深圳具有的移民文化特征更加明显。深圳常住人口的平均年龄只有30.8岁，暂住人口的平均年龄更是只有26.61岁，远远低于全国其他地区的平均值。二是深圳人口中，女性人口远远多于男性人口。[②]

深圳地处中国南部，其原来的32万人口主体为客家人，其文化本属于岭南文化的范畴。但频繁的人口流动弱化了岭南文化对深圳城市的影响，最为明显的一个证据是，深圳是广东省唯一的以普通话为主流地方语言的城市，即便是在中国范围内，没有

---

① 广东省统计局. 2007年广东统计年鉴. 北京：中国统计出版社，2007：103.

② 深圳市统计信息局. 深圳统计信息年鉴. 北京：中国统计出版社，2000.

方言的城市也是不多见的。关于移民文化的研究在深圳是一门显学，将深圳文化界定为移民性的文化是目前深圳文化研究领域的一个基本共识。当地的学者为深圳的移民文化总结了八个特点：(1) 开拓性，敢闯敢干，不断尝试；(2) 创造性，勇于探索，敢为天下先；(3) 开放性，“拿来主义”，善于学习，善于吸收；(4) 包容性，海纳百川，兼容并包；(5) 自由，少包袱，少成见，多机会；(6) 多元，“五湖四海”的文化并存；(7) 平等，人不分亲疏，地不分南北；(8) 年轻，充满活力，朝气蓬勃。[①] 深圳学者对于自身城市文化的总结固然有着其主观倾向的一面，但是我们也不能否认，移民文化中所具备的如包容性、开放性、多元文化以及少等级化的这些特质使深圳成为一个可以容纳各种设计主张的场所，对于设计的生存有着重要意义。

2）以中间阶层人口为主的城市

另外一个值得注意的特征是，深圳是一个以中间阶层人口为主的城市（图 1-14）。这里所说的阶层主要是按照人们对阶层的主观认同划分的标准。尽管我们可以从职业、收入状况、年龄等各个角度将深圳的人口分为不同的阶层，但是，这些都只是从客观的角度对深圳人口的区分，阶层在很大程度上还与人们对于阶层的主观意识有关，即与人们对于自身社会阶层的自我认同和评价有关。尤其是在涉

图 1-14 1992 年深圳人才市场白领求职，图片来自新浪网

① 黄涛. 深圳移民文化的理性反思. 特区理论与实践，2003（4）：49.

及文化和趣味的问题的时候，人们对于自己所属阶层的主观认同就显得更为重要。

一项关于深圳社会阶层的主观认同显示，在被分为上、中上、中、中下、下五个等级的社会地位等级中，深圳人口自我认同的社会地位等级表现出明显的“中等”趋势（图 1-15）。其中，认为自己在社会中居于“中等”地位的人口占调查总人数的 53.8%，“中上等”和“中下等”地位的则分别占 16.1% 和 17.0%。社会等级认同呈现橄榄型。这在中国的城市中是十分特殊的。与世界其他城市相比，中国大城市市民的主观阶层认同表现出明显的“向下偏移”倾向。在美、法、德、意、日等发达

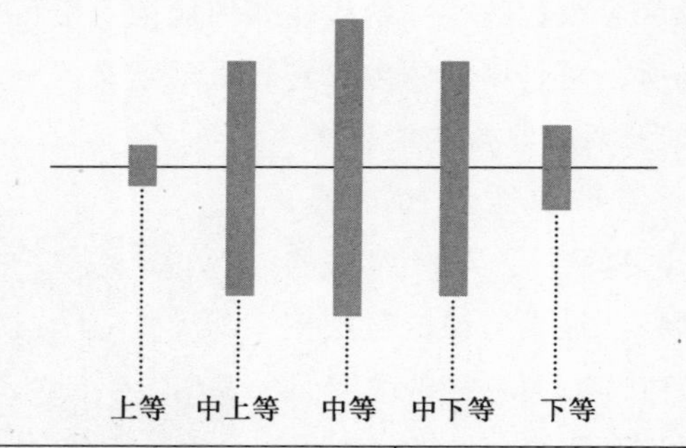

上等	3.7
中上等	16.1
中等	53.8
中下等	17.0
下等	9.4

图 1-15　深圳社会阶层的主观认同分布（%）①

① 汪开国. 深圳九大阶层调查. 北京：社会科学文献出版社，2005：111-112.

国家，自认为处于社会“中层”的民众比例约在55%以上，澳大利亚和新加坡则达到了70%以上，而这一比例在中国的大城市中仅为46.9%。相反，中国城市公众中认为自己处于社会“下层”的比例则明显要高于发达国家。而在深圳，自我认同为“中等”和“中上等”阶层的民众比例已经达到了69.9%。[①] 移民城市和以中间阶层为主的人口结构这两个因素对于深圳设计的发展有着十分重要的影响。本书在下一章中将提到的深圳的城市趣味与这两个因素有着直接的关系。此外，对于设计消费和设计文化的传播而言，年轻人口和女性人口是设计市场中两个十分重要的因素。总体而言，年轻人和女性人口的比例直接影响着一个城市的消费趋势，他们拥有一定的支付能力，又对新事物充满好奇，因此，作为城市的消费主体，这一人群也是设计产品的主要消费群体。

1.3.3 深圳的城市文化

从20世纪70年代末到90年代末的二十年间，深圳城市吸收了大量来自全国各地的移民，流动人口和常住人口比例的巨大悬殊、GDP的飞速增长和“二十天一层楼”的所谓深圳速度都使这个城市的各个方面都呈现出与众不同的奇特面貌。直到20世纪90年代末，深圳城市始终以一种开拓者和改革先锋者的姿态自居。然而，进入21世纪以后，这个城市开始了它在城市文化上的探索。

早在1992年，“特区不特”的论点就开始零星出现，当时盛

---

① 汪开国. 深圳九大阶层调查. 北京：社会科学文献出版社，2005：111-112.

行这样一种比喻来描述特区的作用：“特区的作用犹如日光灯的启辉器，日光灯亮了，启辉器的作用也就完了。”[①] 1994 年 3 月，经济学者胡鞍钢撰写了一份国情报告，建议中央调整对经济特区的政策，认为特区不应该再无限地享受优惠政策，而应该参与到与其他地区共同的公平竞争中去。此后，他连续发表《特区还能再特吗?》（1995）、《我为什么主张特区不特?》（1995）、《中国国情报告集》（1997）等文章重申他的观点。胡鞍钢的观点给当时正在享受着各种优惠政策的特区带来了强烈的不满，争论一直持续了两年，并且逐渐由学术上的争论升级到政治批判，最后，1995 年 10 月中共深圳市委宣传部要求深圳所有媒体停止刊登有关“特区不特”的言论，这一争论才告一段落。但是，这也迫使人们不得不开始重新思考在“特区”这个“启辉器”作用完成以后，深圳作为一个城市的功能问题。2003 年 1 月 20 日的《经济观察报》发表了一篇题为《深圳 2003：振荡开局》的文章指出，“深圳的城市功能一直与特区功能交织在一起，特区的发展推动了城市的发展，而城市的扩张又导致深圳对特区政策诉求的升级”。作为特区，它的任务是改革试验；作为城市，它的主要任务是完善城市功能，这涉及一系列城市内部的物质层面、精神层面和运作层面的问题。在 20 世纪 80 年代和 90 年代初，深圳被视为改革先锋，所以更为重视自身的特区功能，而在特区功能淡化之后，这个城市应该以怎样的面貌跻身于中国大都市之列，成为深圳 21 世纪初所遭遇的重要困惑。

受这一因素的影响，城市的文化功能被推向前台，所谓的城

---

① 李永清. 深圳是否不行了？合肥：合肥工业大学出版社，2003：53.

市，又被赋予了“文化身份”的新意义。从这一点来看，深圳从“特区”到“城市”的这一转型似乎可以成为整个中国改革开放的缩影，它既承继了改革开放以来现代化进程的勃勃生机，又潜在着在全球化进程中失去其“文化身份”的危机。三十年速成的城市和三十年以来的经济先锋地位，使得“改革”这个字眼在深圳比在全国任何其他城市都更深入人心。在这个城市，改革已经成为一种意识、一种态度，和从事一切行动的出发点，在对待城市文化问题上也同样如此。年轻的年龄结构、大规模的移民人口和通过改革“速成”的愿望使得新事物总是能在这个地方产生、存在并赢得一片喝彩。自 20 世纪 90 年代至今，围绕城市文化出现的新概念在这个新城市层出不穷：从深圳本地学者提出的“移民文化”到 1996 年余秋雨设想的“深圳学派”[①]，到市政府提出的所谓的“特区文化”、“现代文化名城”（与国内其他“历史文化名城”相抗衡）和“新民俗文化”，再到“文化立市”和打造“设计之都”。[②] 这一系列主张体现出深圳的知识界在对城市文化的思考中所经历的三种状态：临界型的文化主张、积淀型的文化主张和成长型的文化主张。“移民文化”是一种临界型的文化状态，是临时组织的并在文化上没有任何倾向的文化状态，这一状态可以视为是城市关注文化问题的初始；而“特区文化”、“现代文化名城”、“深圳学派”、“新民俗文化”这一系列概念则体现出一种对改变临界状态的努力，这一主张试图为深圳寻求一种积淀型的文化状态，树立起一种似乎是具有历史渊源

① 余秋雨. 深圳应有的文化态度. 深圳商报，1996-06-20.
② 杨宏海. 深圳文化研究. 广州：花城出版社，2001.

的城市形象，这一做法在现在看来并不十分成熟，但却表明了城市在其文化方面所作出的探索和努力。而“文化立市”和“设计之都”的主张则在实际上改变了着眼于历史积淀的文化方向，放眼未来，将城市定位于一种成长型的文化，试图为城市文化的发展方向提出一种目标和思路，“立市”和“申都”体现出深圳城市文化的一种发展中状态。相对于前两种文化主张，这一主张是比较成熟和符合深圳的城市特征的。

城市学将集聚视为城市的本质属性，城市学家们指出，城市不仅是人口密集的场所，更是产业、资金、技术和文化密集的场所。文化的集聚首先表现在城市是各种文化资源的集聚地，大量人口的进入带来了丰富的文化产品，文化设施和教育机构随之产生；其次，人口向城市的集聚，使城市成为各路文化精英的集聚地。巴伯在他的著作中将流动的精英群体称为“开放的阶层”[①]，他说，流动性使社会具有这样一种功能，不同数量与类型的社会流动实现了“某种形式的精英之社会复制”，它创造了一种体系，使社会升迁得到广泛的认可，而这一体系同高水平的科学之间的关系又是“特别意趣祥和”的，因而科学技术的精英在这样的社会中能够得以成倍地复制和增长。城市为设计文化的生长准备了重要的物质条件和交流空间。

在深圳这一具体的案例中，快速的城市化过程使得流动性、开放性以及技术的复制这些特性在深圳这一城市空间中表现得尤为明显。从深圳城市的空间形态来看，深圳是一个没有中心的带

---

① [美]巴伯．科学与社会秩序．顾昕，等，译．北京：三联书店，1991：82-83．

状城市，城市的居住、商业和文化场所也遵循这一分散的结构分布于整个城市；从深圳城市的人口形态来看，深圳是一个以移民人口为主的、年轻化的、以中间阶层为主要人口特征的城市；从城市文化角度来看，深圳不具备较为纯粹的地方文化，因而当国内外城市建设逐渐由硬件的城市设施的建造转向城市文化的角逐之时，深圳的领导者和知识阶层开始体现出一定的忧虑。设计文化在深圳的生长与这一系列城市的特性联系紧密，本书将在以后的章节中逐步展现这一主题。

2 扁平化的趣味空间

趣味（Taste）作为人类价值观和世界观的表征，向来是哲学和社会学研究的一个重要范畴。趣味一词的本义是“味觉”，在西方早期的哲学家看来，人类的视觉、听觉、味觉、嗅觉和触觉这五种感官中，视觉和听觉因为能够获取美的经验而比味觉和触觉更为高尚。“凡是产生快感的——不是任何一种快感，而是从眼见耳闻来的快感——就是美的。……——美就是由视觉和听觉产生的快感。”① 而味觉和触觉则与动物性的欲望相联系，属于最底层的感官机能。因此，在柏拉图的时代，“趣味”一词并不被用作审美判断的术语。直到18世纪前后，“趣味”一词逐渐被引申为“嗜好”、“体验”或“判断力”，“趣味”一词才开始与人的主观判断联系起来，并在哲学领域成为一个被广泛探讨的话题。②

关于集体趣味的讨论主要集中在社会学领域。美学社会学将趣味视为一种社会地位、阶级出身和文化教养的直接体现，因而

---

① ［古希腊］柏拉图. 文艺对话集. 朱光潜，译. 北京：人民文学出版社，1963：198.

② 范玉吉. 审美趣味的变迁. 北京：北京大学出版社，2006：5-6.

是在一定限度内产生的、为同一阶层或集团共有的一致性的集体价值观。“教育，各种艺术的训练和欣赏，艺术品的享用的便利，加上阶级标准和阶级价值，合在一起，就可以解释在某一特殊社会阶层的在趣味方面的各种一致性。”① 无论是作为一种美学上的意识经验还是作为一种社会学的阶级形态，集体趣味的提出为本章所要描述的城市趣味空间铺平了道路。集体趣味作为一种审美活动和文化选择的前提，影响着人们在文化生产和文化消费中如何采取行动以及如何作出选择。

2.1 等级化趣味的一种表现

淮海中路上靠近领馆区的“美美百货”，它的橱窗陈列长年固守着一种风格：在八九平方米面积的橱窗里陈列着一套时装，或一条裙子，或一双皮鞋，或一个小小的皮包；到了晚上，耀眼的灯光打在这些东西上面，对行人的视觉形成一种强烈的震撼。这让人产生奢华、高贵的孤芳自赏，足以使少数具有相当购买力的人获得极大的心理满足。相比之下，它可以说是一种现代性的、贵族性的视觉文化。

…………

酒吧里的杯子用于各种用途：圆的或倒锥形的、或深或浅的高脚酒杯，带把的、挺着“啤酒肚”的啤酒

① ［美］路易·哈拉普．艺术的社会根源//朱光潜．朱光潜全集（第11卷）．合肥：安徽教育出版社，1989：385．

杯，圆柱体的饮料杯，拳头大小、矮矮的喝洋酒的“口杯”……每一种酒杯又有多种细部变化。它们把简单的工具进行分工的同时又加以繁琐化、精细化。这似乎有点像西餐的厨师所用的刀子：他们要用五花八门的刀子对不同的食物进行不同的加工。而中餐的厨师往往用一把菜刀就完成了切、割、剖、剔、削、刨、刮、刻、剜、划等各种操作。在这两种厨师所用刀具的差别背后实际上是两种文化之间的差别：前者的“工具理性”注重同中之异，注重功能的区分、独立；后者的“实用理性”注重异中之同，注重功能的融合、统一。不过，酒吧里的杯子在功能区分之外又对工具理性有所变化：它们掺入了一种叫做“审美趣味”的添加剂，它们在对工具加以繁琐化和精细化的同时，也进行着日常生活行为——“喝”这一具体动作——的风格化和审美化。①

这是《上海酒吧》一书中两段关于上海的百货商店和酒吧的描述。这本书的作者——上海社会科学院文学研究所的学者们的目的是要探讨一种研究城市文化的方法，解读所谓的“上海精神”的意义。他们最终将酒吧作为了研究的入口，因为在学者们看来，非本土化的酒吧在上海的存在和繁荣反映出了上海文化的特质，那是一种由对异国空间的想象、历史的情结和当代消费主义相互纠结的文化情绪。上文的两段描述反映出了这样一个事

---

① 包亚明，王宏图，朱生坚，等. 上海酒吧——空间、消费与想象. 南京：江苏人民出版社，2001：194-195.

实：20 世纪 30 年代西方国家对上海的影响至今犹存，“异国情调早已不是外加给这座都市的装饰品，而是它肌理组织的一部分”。即便是在经历了一次次政治的、文化的和经济的革命之后的近百年时间里，“异国情调那股子挥之不去的氤氲却依旧顽强地寄生在都市不起眼的角角落落”。在上海的消费品中，时尚的百货、各式各样的酒杯、吧台、烛光、咖啡以及完全西方化的酒吧名称都成为连续着的解读上海趣味的代码，不断地散溢在上海的城市空间。从这一角度看待上海的时尚、石库门、外滩和上海酒吧这些富有特色的城市文化，上海的城市趣味就是一种对外来文化的欣赏、接受和认同。

“新天地”是上海在 21 世纪之初为自己打造的又一闪亮的文化符号。它是一个精致、时尚的商业空间，人们在其间享受着最新锐、最高档的消费；它又是一个充盈着传统与现代气息的文化空间，人们在石库门——这一象征上海传统市民生活的场所中体验世界的潮流。正如杨东平所说，“它深刻地把握了‘新上海’的内心，具备了新上海的所有要素：光鲜亮丽、昂贵奢华、西化，此外，还有依稀的海上遗韵可供怀旧，……唯一的问题，它是假的。新天地不是上海。它是供外国人看的上海，而供上海人到这里看外国”。[①] “上海”和“外国”总是如此紧密地联系在一起，形成上海城市趣味的基调。对一种文化的认同必定也意味着对作为其对立面的文化的否定，“新天地”与上文所列举的酒吧、百货店的橱窗都只是在上海的城市空间中出现的诸多文化片

---

① 杨东平. 城市季风：北京和上海的文化精神. 北京：新星出版社，2006：426-429.

图 2-1　上海酒吧一角

段中的一个，每一个文化片段都强化着一种趣味的本土化和西方化的区隔。就如上文引用的那段在上海的百货商店所陈列的商品那样，“新天地”代表了上海城市的一种理想化的趣味形态，体现出一种玻璃内和玻璃外的区隔：那道玻璃就是外来和本土的分界（图 2-1）。

> 酒吧（Bar）最初源于美国西部大开发时期的欧洲大陆，“bar”原指横木。美国西部的牛仔们喜欢聚在小酒馆里喝酒。由于他们都是骑马而来，酒馆老板就在馆子门前设了一根横木，用来拴马，这就是“bar”的最原始意义。“bar”一词到 16 世纪才有“卖饮料的柜台”这个义项。酒吧对于西方人而言是一个供休息和放松的去处，20 世纪 90 年代传入我国的酒吧则成为西方化和时尚生活方式的代名词，在酒吧的一方空间内，设计者极力通过各种西方化的元素营造“洋气”的环境。

芬兰社会学家格罗瑙在他的《趣味社会学》一书中说：“一些商品或食物的消费带有较高的社会地位和社会价值，因为这些东西的消费只局限于社会中的高层人士。这些代表社会地位和价值的食品诱使下层人民去购买和消费它们，或者自己制作，尽管他们实际上并没有足够的经济实力，而且这些食品对他们的健康并不见得有多大益处，因为这些东西只代表着一种值得模仿的生活方式。"① 事实上，这一理论在中国酒吧这一案例中也同样适用，只不过这种上下层关系的模仿换成了西方和东方之间而已。

2.2 趣味的区隔

关于趣味问题的探讨涉及了哲学、美学和社会学的各个领域，在社会学领域的趣味主要是指一种用于区分阶级的手段。

美国社会学家凡勃伦将审美趣味视为一种与金钱的竞赛相联系的消费形态，"关于个人享受以及个人日常生活中使用钱财的方式方法与采购物品时的如何选择，在很大程度上是在这种竞赛的影响下形成的。歧视性……是用来形容人与人之间的对比的，这种对比的目的是在于按照人们在审美观念上或道德观念上的相对价值来分等分级，从而确定他们自己所设想的或别人所设想的相对的他们在心理上的自得程度。歧视性对比是对人们的价值的一种评价方式"。②

布迪厄在《区隔：趣味判断的社会批判》一书中则将趣味视为划分当代社会阶级的一个基本手段，因而社会中的趣味也是具有等级性的。"消费者的社会等级对应于社会所认可的艺术等级，也对应于各种艺术内部的文类、学派、时期的等级。它所预设的便是各种趣味（Tastes）发挥着"阶级"（Class）的诸种标

① ［芬］尤卡·格罗瑙. 趣味社会学. 向建华，译. 南京：南京大学出版社，2002：7.

② ［美］凡勃伦. 有闲阶级论. 蔡受百，译. 北京：商务印书馆，1964：28-29.

志的功能”。在布迪厄看来，趣味之所以在现代社会变得如此重要，绝不是因为趣味与美学相关，而是由趣味的社会性所决定的。政治上的民主化已经使现代社会很难再像传统社会那样通过政治地位和经济地位来划分阶级，取而代之的是趣味。表现为“趣味”或“品位”的是一种习得的技能，即趣味并不是与生俱来的，而是后天的培养和教育的产物，趣味的高低与人们的社会出身和拥有的教育水平高低有着直接的关系。通过不同的教育，人们获得了数量不等的社会解码，人们解码的能力与其社会地位和所受的正规教育相关联，解码在艺术欣赏方面的作用尤其重要。趣味是社会解码能力的外化形式，这些形式包括对音乐和食物、绘画和体育、文学与发型的不同偏好等等。趣味的等级化隐性地规定了人们的社会等级，趣味发挥着阶级标志的功能，“趣味构建了差异，又标志着差异”[①]。布迪厄将社会的趣味分为三个等级：合法的趣味（Legitimate Taste)、中间层的趣味（Middle Brow Taste）和大众的趣味（Popular Taste)。合法的趣味是指处于支配地位的社会阶级所认可的趣味，其审美的主要对象是高雅艺术，大众的趣味则体现了处于被支配地位的社会下层文化，处于这两者之间的是中间层的趣味。合法的趣味通过设定各种各样的社会解码而造成社会的差异，从而将自身与自然的趣味相分离。“对低级的、粗鄙的、庸俗的、腐化的、卑下的——一言以蔽之，自然的——快乐的否定，建构了文化的神圣空间(Sphere)，这一否定意味着确认某些人的优越性，这些人能够满足于永远将粗俗拒之门外的升华的、精致的、非功利的、无偿

① 周晓虹. 中国中产阶层调查. 北京：社会科学文献出版社，2005：270.

的、高贵的快感。这就是为什么艺术和文化消费总被预先安排好——且不论是否是有心和故意为之——要去实现让社会差异合法化的这种社会功能。”[①]

趣味对社会进行等级区隔意味着趣味自身的等级化，在布迪厄看来，是占有社会支配地位的阶层首先提出了区隔的要求，合法的趣味在这一阶层中产生。而中间层以小资产阶级为主，他们因为掌握这社会大部分的经济资本而力争进入更高的社会阶层，因而在等级化的趣味中充当了传送带的作用，要“把自己有意与之区别的那些阶层拖入消费和竞赛之中”，使自身变得合法化。[②]

2.3 深圳的城市趣味

在深圳这一城市空间，这样明显的趣味区隔却十分少见。我们可以用“物欲横流”和“拜金主义”来描述深圳的夜总会这样的高消费场所，但却很难在深圳看见用同一种趣味来区分自身的文化族群；也可以用富有和贫穷来划分深圳人口的阶层，但却很难说明他们之间在趣味上存在等级；你甚至想从深圳路人的言谈中寻找一点当地人的优越感，但你却会惊讶地发现连这一点都很难，因为这是一个说着普通话的城市。很难用一种文化或趣味去概括深圳，我们甚至可以追问深圳是否存在着文化或趣味。这

① ［法］布迪厄．《区隔：趣味判定的社会批判》引言．朱国华，译．//陶东风，等．文化研究（第4辑）．北京：中央编译出版社，2003：12．

② ［芬］尤卡·格罗瑙．趣味社会学．向建华，译．南京：南京大学出版社，2002：28．

个城市经常被称为“文化的沙漠”，但又有着一些独特的文化现象显示出其与众不同。

案例1 “大家乐”活动

作为一个历史仅三十年的移民城市，深圳自20世纪70年代末以来就是一个“下海者”和“淘金者”云集的所在，群众文化活动很早就在深圳出现。深圳“大家乐”舞台创办于1986年，是一个公益性的群众舞台。舞台以自荐表演的形式进行，自1986年7月初起，每逢星期三、五、日晚举行，由观众自荐报名，自选报名形式，交纳五角钱的报名费就可以上台表演节目。创办者的目的在于满足特区群众尤其是外来打工者文化娱乐活动的需求（图2-2、图2-3）。

图2-2 20世纪90年代初的“大家乐”舞台

图2-3 蛇口公园的免费卡拉OK，图片来自新浪网

每逢周三、五的夜晚，“大家乐”舞台前总是人潮涌动。报名表演者排成长龙，跃跃欲试等待登台；前来观看的人席地坐在舞台前，稍稍来晚的人则井然有序地站在后面，真是里三层外三层，甚至有时连舞台背后的小山坡上也挤满了人。由于这里没有观众与“演员”

的严格区分，人们的心态都是放松的。所以，尽管大家的表演还略显稚拙，但自始至终洋溢着质朴、亲切、感人的热烈气氛，深受广大打工青年喜爱。[①]

1996年，除城市以外的深圳市各乡镇和企业一共兴建了120余个“大家乐”网点，2000年3月，共青团中央、中央文明办、文化部、国家体育总局、中央电视台等单位联合下发《关于在全国开展“青年文明社区大家乐”活动的通知》，向全国推广大家乐活动模式，并决定在全国建立1 000所大家乐活动点。[②] 深圳市青少年活动中心2004年的一项调查显示，从1986年第一个露天舞台开始，舞台逐渐从单一的自荐表演发展为集主题晚会、竞赛比武、演讲辩论、咨询服务、成果展示等为一体的综合性的文化活动场所，年均主办360多场晚会，“大家乐”舞台已经拥有了450多万现场观众，其中有5万多深圳市民亲自登上“大家乐”舞台。按照2004年包括流动人口在内的1 000万深圳人口数量计算，也就是有将近一半来到深圳的人参与过“大家乐”活动。

“大家乐”活动在深圳的出现对于理解深圳文化的特殊性有着重要意义，其规模的扩大以及在这一活动时间上的持久性也值得我们思考。虽然这一舞台是主要针对城市的外来打工者的活动，但却在很大程度上体现出了深圳文化的一些特质：开放性、参与性和娱乐性。

---

① 史继中. 难忘深圳“大家乐”. 前线，1996（9）.

② 单协和. 撑起一片蓝天——深圳社区大家乐活动调查报告. 群众文化论丛，2004（18）.

案例2 “读书月”

图2-4 深圳读书月标志

即便是在国际上，也很少有城市像深圳这样，将读书这一个人体验活动发展成城市范围的文化事件（图2-4）。自2000年起，深圳城市开始组织城市范围的读书月活动，组织者将每年的11月1日到30日定为市民的读书月。在这一个月里，围绕着读书的主题活动层出不穷，如读书、换书、赠书、征文、辩论、话剧、讲座、朗诵等等，城市的各个文化机构、学校和媒体都被发动起来参与读书月的组织和宣传。有关读书的城市调查也在读书月中展开，在11月的深圳街头，经常可以看到身披红幅的中学生请求过往的路人填写有关读书的调查问卷。2008年的第九届读书月宣传语这样写道：

深圳读书月秉承营造书香社会、实现市民文化权利的宗旨，着力于提升市民素质，建设学习型城市。八年来，深圳读书月共举办丰富多彩的文化活动1 600多项，向希望小学捐赠爱心图书1 200多万元，邀请专家学者60多位，创出深圳读书论坛、藏书与阅读推荐书目、中小学生现场作文大赛、赠书献爱心、图书漂流悦读大行动、电视辩论赛等许多知名品牌活动。这些活动主题鲜明，内容丰富，形式多样，受众广泛，贴近市民。

一个热爱读书的民族活力永驻，一个善于阅读的城市宁静和谐，一个崇尚知识的社会必定有灿烂的前

> 程。侧耳青山，书声琅琅，在“阅读·进步·和谐”的优美旋律中，我们以书为媒，如期开展第九届深圳读书月活动。深圳，在市民眼中，在世界眼中，正在成为一个读书爱书的城市，一个因为阅读而受人尊重的城市。①

与读书相关的另一个文化空间是深圳书城。深圳书城建成于2006年，是深圳市政府在2004—2005年间规划中的一个大型项目，邀请了日本黑川纪章建筑设计事务所担任建筑的总体设计。书城分为上下两层，建筑面积约8.2万平方米。在这样一个空间中，出版物及文化用品的展示与销售的区域不到两万平方米，由一个约一万平方米的中心书店和若干个主题出版物如音像出版、青少年读物、外文原版书店和艺术设计区组成。其余的空间则主要分配给了餐饮和休闲场所，其中既有肯德基、日式拉面这样的快餐，又有西点房、咖啡馆和茶座这样的闲暇空间，耐克、阿迪达斯这些运动品牌也在这里设有专营店。书店方面称，这样的组合是“兼顾大众与专业、经典与时尚、专业水准和行业影响力倾力组合，最大限度满足顾客的需求”的。并且，作为“首家体验式书城”，它将“以‘延伸阅读品位生活’为精神内核，实践鲜活的‘体验经济’理念，塑造文化生活新风尚，铸就文化商业共荣格局，旨在为消费者提供一站式、多元化的文化消费选择与体验”。包括中心书店在内的空间确实十分舒适。书架的作用与其说是容纳不如说是展示。书架间的距离非常宽绰，足够优雅的白领推着手推车缓缓

---

① 深圳读书月简介. http://www.szdsy.com/act_about.aspx.

地在其间踱步；书架的高度也不像中关村的图书大厦中那样咄咄逼人，最高的书架也只不过齐眉，你完全可以将书本摊开在书架上一页一页地翻过。书的总量其实并不多，书的内容以畅销书和生活类用书为主，这家书店中最受欢迎的也是这两类读物，它们被摆放在最显眼的位置。每到傍晚或周末，书店中的人总是很多，但丝毫不觉拥挤，很多年轻人捧着还没买到手的书闲散地坐在地上，一边欣赏着中央音响中轻柔的音乐，一边啜饮着自带的饮料。

显而易见，这里的读者并不急于、也并不忙于知识的攫取，对于读书，他们采取了一种消费的、散漫的态度，学术的论著在这里显得落寞而孤独，通俗读物成为主要的知识传播着，在这里占据绝对的优势。黑格尔的美学理论在这里被分散、稀释，最终溶解在绚丽的彩页、通俗的文字和精美的装帧之中。而郎朗则被誉为“当今世界最年轻的钢琴大师”，他在这里的知名度远远超过了他所演绎的李斯特。

2006 年读书月对深圳读者的调查显示，深圳的读者有以下特征：一、女性人群和年轻人群读书较多；二、经济类书籍所占购书比例较大，此外，文学艺术类和生活娱乐类书籍所占比例也要大于专业性书籍；三、畅销书受欢迎，深圳读者购书以内容、作者或作品的知名度作为购书第一取向；四、读者关注读书的文化环境，集购书、读书与休闲一体的“书吧”、深圳书城受到读者欢迎。①

---

① 阅读正成为深圳市民的生活方式. http：//www. szdsy. com/news_view. aspx? id = 393.

布迪厄在研究法国社会的趣味时将非工作性的阅读作为一种阶级属性的判断工具，他认为，不同阶层的人们会选择不同的书籍作为自己的阅读对象，他从人们对于冒险故事、历史、图片艺术书籍、小说、哲学、政治、经济等类别的不同选择来判断其所属阶层，最终他将《上流社会》（Le Monde）和《费加罗文学》（Le Figaro Littéraire）两本书作为自己调查法国趣味阶层区隔的指标。[①]如果借用布迪厄的这一视角来观察深圳的城市趣味，我们发现，深圳市民在阅读方式上具有公开性、休闲性的特征，而读书群体则呈现女性化和年轻化倾向，在内容上则偏重于以畅销书为主的文学和生活类用书，这几点特征与布迪厄所观察到的法国社会的中间阶层趣味十分相像。

案例 3　大芬油画村

大芬村的精仿画产业是在这种特殊趣味中长成的另一颗奇异的果实。大芬油画村位于深圳市北郊，是深圳龙岗区布吉街道管辖下的一个居民小组，占地面积 4 平方千米，原有居民 358 人。1989 年，香港画商黄江租用大芬村民房招募画工进行油画生产和收购，产品全部销往境外。在 1998 年之前大芬村的一个画室就相当于一个加工厂的生产车间，画工们关着门在其中进行油画的临摹。1998 年以后零星的油画店铺开始出现。目前，大芬油画村的概念已经扩展到以原村民小组为中心的约 1 平方千米范围内，包括木棉湾村，佳兆业房地产公司开发的布吉东大街国际油

① Pierre Bourdieu. Distinction: A social Critique of the Jugement of Taste. Cambridge, MA: Harvard University Press, 1984:116-119.

画城等。到2004年4月，大芬油画村共有书画、工艺等经营门店以及油画工作室243家，2005年12月这一数字增加至622家，实际从业人员达到一万人以上。

一份关于大芬村油画创作种类的清单列出了这一地区油画产品的种类：

> 1. 名画复制。在选择艺术复制品的原作时，选取那些已经去世五十年的艺术家，则可以自由复制并获得相应的报酬。2. 来样复制。买主拿来照片或明信片之类的画样，让公司照样加工成油画，并且批量生产。3. 设计复制。由公司的画师根据市场的喜好设计出画样，再由画工批量生产。4. 原创作品。由在世的画家、艺术家创作的作品，拥有自主版权，未经允许不得复制。5. 行画。迎合市场品位和需求，批量生产的油画复制品。①

目前，大芬村油画年产数量达到几百万幅，其中，原创作品数量约占总数的30%，其余四个种类是大芬村油画销售的主要来源。2005年12月，在一份由中共深圳市龙岗区布吉街道署名的总结文件中可以看到，大芬村正在通过兴建美术馆、举办大型美术展览和旧建筑改造等途径“打造大芬村的艺术殿堂”和成为“深圳的重点旅游景点”。时至2008年，大芬村果然已经成为深圳的一个重要的旅游点，其声誉甚至超过了深圳市内的美术馆。

---

① 吴楠楠. 大芬油画村概况调查报告//朱青生. 当代艺术年鉴（2005）. 桂林：广西师范大学出版社，2008.

大芬村的奇特之处在于：一个在本质上与艺术无关、不依照艺术的逻辑运行的“艺术殿堂”是如何得以存在的？换句话说，行画业在中国大量存在，为什么只有大芬村的行画成为城市风景的一部分？这一行业的能量是如何得以最大化的？大芬村这一深圳所特有的文化事件体现出一种以“复制”为特征的文化操作机制，城市所集聚的大量行动者使得这样一种机制的产生成为可能。较之艺术创作，他们更关心如何通过技术手段使目标得以实现，以及如何使艺术以批量的形式迅速地市场化（图 2-5、图 2-6）。

图 2-5 大芬村的地标性雕塑

图 2-6 大芬村的作画现场

2011 年 7 月，“大芬油画村美术产业基地”开始向社会公开征集“大芬油画”标识（Logo）图案，作为“大芬油画”和“大芬油画村”统一的对外形象标识，奖金 1 万元。

案例 4 世界之窗

1989 年 9 月在深圳华侨城开业的“锦绣中华”主题公园成为中国的第一个主题公园。在此后的十年间，紧邻“锦绣中华”

的“世界之窗”、“中国民俗文化村”也建立起来。这些主题公园为其投资者——深圳华侨城控股股份有限公司带来了丰厚的利润，“世界之窗”自 1994 年开园到 2000 年的营业收入已经达到 20 亿元。在这一榜样的作用下，同样一个十年之间，从模仿“锦绣中华”和“世界之窗”的“民族园”到“民俗村”，从“恐龙园”到“未来世界”，中国陆续建造起了两千余个大大小小的主题公园。但奇怪的是，时至今日，无论是从经济效益还是从旅游品牌来看，“锦绣中华”和“世界之窗”依然是中国主题公园的领先者，其效益始终稳居全国第一。与此形成对比的是，同样由深圳华侨城在长沙投资兴建的“长沙世界之窗”，1997 年开业第一年的游客人数为 110 万人，此后逐年锐减，在连年的亏损中举步维艰，最终于 2003 年将其经营权转让给湖南经视文化有限公司作为其拍摄基地而告终。更为极端的一个案例是，苏州自 1993 年开始兴建了四年之久的“福禄贝尔科幻乐园”在开业两个月后宣布破产。

从趣味的角度来看，无论是“锦绣中华”、“中华民俗村”还是“世界之窗”都不是趣味高雅的所在。这些翻版的各地名胜的微缩模型以如此的密度被拼凑在一起，既没有历史的文脉可寻，又没有任何的寓意或指向，它们模仿着异域风情，又装饰精美，就像是一块块来自不知何处的奶油蛋糕偶然地降落在这个城市，让身在其中的人们不知所措（图 2-7）。在主题公园中进行的文艺演出也是同样的丰富多彩而缺乏述说的语境。以世界之窗为例，每逢假日，世界之窗最大型的文艺表演《千古风流》都会从傍晚的六点三十分持续到晚上十点。表演也同主题公园一样由跨越了时空的片段拼凑而成，由中国的楚汉之争，跨越了古希腊的特洛伊之战，直到一千零一夜的故事。而从形式上看，从服装、灯光到舞台道具，从音乐到表演却又是十分的老道，足以用“视觉盛宴”来形容（是否也仅仅是场视觉的盛宴?）。公园在夏季举办德意志啤酒节，而在冬季则代之以爱尔兰冰雪节，每晚的九点，夏威夷群岛的火山和委内瑞拉的山洪紧挨在一处同时喷发，虽然荒诞，但其视听效果却被制作得惟妙惟肖：埋伏在四周的音响的重低音被调到最大，以达到山洪暴发时候的震耳欲聋的音效；设计者用烟雾、深红色的灯光和或急或缓的水流模仿从火山口溢出的岩浆；山洪则配合着闪电奔流而下，水滴四溅。LED的照明技术在这亚热带的冰雪节中被使用得恰到好处。圣诞夜的南方气候十分温暖，而在世界之窗西侧的一隅，冷气速冻成的滑冰场却配合着LED灯光装饰的雪景，显得十分逼真。在这一氛围中，时间或空间、民族或地域、意义或指涉都完全地被抽离出去，剩下的仅仅是形象的外壳，这与传统上追求艺术升华的高雅趣味完全背道而驰，同时也不同于形成于民众间的“自然趣味”。

图2-7 悉尼、巴黎、伦敦、芝加哥、京都、曼谷等地的著名景观以无比紧凑的密度集中在几个平方千米的空间

抽离了内容的形式外壳能够以一种如此动人的方式聚集在一起，这得益于一个紧密合作着的技术系统的支持。2005 年一份关于旅游文化产业的调查报告显示，深圳华侨城主题公园内的旅游演艺体系的所有的业务和流程并非都在深圳本地完成和实现。其中，整体的策划和构思需要有极强的“市场敏感性”，这一方面，深圳“具有相当的经验优势”；而在舞蹈、音乐以及灯光的主创人员如导演、服装设计、舞台美术、音乐制作和灯光设计等方面，深圳则“缺乏尖端创作人才，要借助国内甚至国外的人才和项目合作”，组成“临时而松散的创作班子，通过集体而非个体完成创作和设计”，其理由是“这些人通常是一群具有‘漂’性的知名艺术人才，容易被北京、上海等文化艺术气息浓厚的特大城市吸引”。演员则来自深圳本地，大多为兼职。在其他周边产品制作方面，深圳有一定的产业优势，服装制作、舞台布景、广告和平面设计、旅游纪念品制作等，往往可以在本地完成。[①] 很显然，这一系统的运作与艺术无关，艺术家仅仅充当了其中一个环节的顾问角色，起作用的是更加为数众多的具体技术的操作者，他们的行动支持着这一系统的运行。在主题公园这一案例中，世界之窗的策划者有意地规避了艺术创作方面的所有环节（公园主体的建筑设计、景观设计以复制形式获得，舞台美术、灯光设计、服装设计和音乐、舞蹈等环节的创作者都来自城市外部），而将具体的操作和复制工作留给了城市内部（图 2-8）。这种情况在大芬村的案例中也同样如此。

---

① 李蕾蕾，张晗，卢嘉杰，等．旅游表演的文化产业生产模式：深圳华侨城主题公园个案研究．旅游科学，2005（6）：46-47.

图 2-8 “世界之窗”夜晚的歌舞表演

通过上文对深圳有关文化的消费（案例 1、案例 2）和有关文化的产业（案例 3、案例 4）的描述，我们也许可以从中观察到深圳城市趣味的主要特征：它是开放的和多元的，不论城市或乡村，不论中国或西方，也不论历史或现在，空间和时间都不能成为趣味区隔的界限，任何人、事物或信息都能够成为这个城市的趣味资源；它是片段化的和挪用的，它漠视具体的历史语境和地理环境，以一种游戏的态度对待传统和经典，制造出一个既包罗万象又立等可取的文化大排档；它是参与性的和大众化的，既没有专职的表演者也没有仅仅是被动接受的观者，每一个人都可能平等地介入和消费他们自己制造的文化；它又是娱乐的和无深度的，人们不需要去关怀人生的终极价值，也无需对社会进行严肃的反思和批判，而只是对当下的活动和即时的体验感兴趣。与布迪厄笔下的那种等级化的趣味相比，深圳的城市趣味并不显示出明显的趣味等级，是一种扁平化的趣味。

扁平化的趣味具有以下特征：去等级化、去中心化、片段化、去边界化和开放性。

去等级化：相对于层级化的“高雅”或“低俗”、“洋气”或“土气”、“合法性的”或“大众化的”趣味[①]而言，扁平化的趣味消除了以趣味划分的阶层之间的区别。深圳城市通过复制、挪用和拼凑等手段表现的这些文化产品都显示出去等级化的趣味特征。

去中心化：是趣味去阶层化以后的直接结果。正是因为去除了阶层的区分，传统的等级趣味中存在的精英化认识也同时被消解。在扁平化的趣味模式中，很难找到一个支配整个社会审美趋向的趣味中心，有的只可能是一个个分散的小团体。

去边界化：社会学将趣味视为一种“习得”的技能，即拥有越多教育资源的人或者受过更长久审美训练的人就能够获得更高的趣味，这样，趣味就被潜在地划分了界限。而扁平化趣味的获得则不需要长久的教育投入，任何资源都能够迅速地纳入审美范围。

开放性：与去中心化和去边界化相联系，由于没有绝对的中心和绝对的边界，使得这一人群表现出“海纳百川”的趣味倾向，能够以宽容的姿态接受所有外部事物。

片段化：中心的消除意味着用于判断趣味高低的标准也被消除。趣味判断的消除使这个集体的趣味呈现出多元化的倾向。

美国社会学家弗朗西斯·福山（Francis Fukuyama）在谈到美国的文化时说道：“在一个富裕、自由而多样化的社会里，‘文化’一词已跟选择的观念联系在一起。也就是说，文化是艺术家、作家或者其他富有想象力的人，在心灵声音（Inner

---

① Pierre Bourdieu. Distinction: A social Critique of the Jugement of Taste. Cambridge, MA: Harvard University Press, 1984: 16.

Voice）的基础上选择创造的东西。而对于那些创造倾向较少的人来说，文化则是他们选来作为艺术、烹饪或消遣娱乐物来消费的东西。”[①] 上文已经提到的以中间层为主，并以年轻人和女性人口为主的深圳城市人群在很大程度上就是福山所认为的“文化的选择者”，他们在文化生产和文化消费两方面的行为体现出了这种“将文化作为一种供娱乐和消费的消遣物”的选择。在文化成为一种自由的选择的条件下，扁平化的趣味也为选择的范围带来了无尽的可能性，对于设计文化的选择就是其中之一。在去等级的、无中心的、去边界和开放的趣味影响下，人们往往会去追求一种看起来比较有仪式感的、热闹的并能够让大家都分享到其中快乐的文化活动，设计所能够创造的符号语言，以及设计产品的广泛传播则恰好符合了这一要求，因而能够成为深圳诸多文化可能性中的一种，为人们所选择，为人们所认可。

2.4　扁平化的趣味：一个适合设计发展的特征

城市趣味是任何一个城市都有的文化问题，但是唯有深圳这个缺乏文化资源的地方，其扁平化的城市趣味却衍生出一种灵活的资源转化的能力，这是深圳的独特之处。不同于从政治、经济等客观角度划分的阶层，趣味划分的阶层在潜移默化中形成却又十分根深蒂固。在中国的很多城市，城市趣味的等级化十分明显。比如北京的贵族化和市井化的差别，上海的“洋气”和

① ［美］弗朗西斯·福山. 大分裂：人类本性与社会秩序的重建. 刘榜离，王胜利，译. 北京：中国社会科学出版社，2002：17.

“土气”的差别，或苏州的“文气”和“俗气”的差别。而在去除了等级和中心的趣味环境下，一切在其他城市文化中可能被作为审美对象的事物到了深圳行动者的手中就迅速地被分解成有效的信息而加以利用。在其他城市的传统中所尊崇的历史、语境和叙述被取消，由文脉产生的文化阶层也被消解。扁平化的趣味对设计文化的产生具有重要的意义。一方面，扁平化的趣味所具有的去边界化和开放性的特征使深圳具有一种海纳百川的文化气质，在这一氛围中，设计很容易成为一种调用各种资源的有效的手段。地处中国对外开放的最前沿，来自国内和国外的大量信息在深圳聚集，快速地攫取有用的信息并快速地利用这些信息以创造新的经济价值成为深圳城市行动者的目标。移民社会的文化强化了这一特质。另一方面，趣味等级的取消则正暗合了设计的本质——以合理性决定设计的价值，而非阶级性。在布迪厄看来，趣味的等级化最终导致了较下阶层对于上一阶层的模仿，而早在威廉·莫里斯时期，艺术与手工艺的倡导者们就对这种趣味的模仿深恶痛绝，提出了以功能性为目标的设计准则。

历史地看，设计文化在一个以趣味的扁平化为特征的空间中生长是可能的。

美国设计理论家菲利普·梅杰斯（Philip B. Megges）在谈到平面设计在纽约的发展时这样说道：“就如同19世纪末20世纪初巴黎曾经是世界上最民主的城市那样，20世纪中叶的纽约也担当起了这一职责，同样对于新思想和新观念有着强大的吸收能力，艺术家蜂拥而至。也许确实是因为这个城市存在着一种氛围，能够让那些有创造力的人士意识到他们的潜力，要不就是因为弥漫在这个城市的气息具有一种磁力，能够吸引那些具有潜能的个体，总而言之，在 20 世纪的中间时期，纽约成为了一个培育创造者的文化保育箱，一个世界的文化中心，而平面设计在这一成果中所作的贡献是十分显著的。”①

梅杰斯谈及的纽约城市所显示出的这种“强大的吸收能力”、“氛围”和“磁力”可以理解为一种扁平化的城市趣味。20 世纪中叶的纽约与本书所讨论的中国深圳也有着很多相似之处。首先，纽约是一个典型的由于贸易的兴旺而产生的城市。纽约在 17 世纪的时候还只是一个以曼哈顿岛为中心的小岛，到了 19 世纪，依靠地理上运输的便利和国家政策的扶持，它已经成为美国东海岸的贸易中心。其次，纽约也是美国的制造业中心之一，19 世纪中叶的 20 年间，纽约制造业总产值位列全国第一，印刷业是美国的主要制造业之一。纽约的印刷业在 1820 年时落后于波士顿和费城，但到了 19 世纪 50 年代，纽约已经拥有 1 000 多家印刷企业，成为全国的印刷出版中心。到 1860 年，纽约的印刷出版物占全国的 30%。② 国际上历史最为悠久的杂志如《时尚芭莎》（Harper's Bazaar）就创刊于 1867 年的纽约。第三，纽约是美国最大的移民口岸，美国国内 70% 的移民都从纽约进入美国，如今有超过 40% 的纽约人口是移民后代。最后，纽约乃至整个美国，直到今天还被欧洲人认为是一个“没有什么品位”的或者是趣味并不高雅的国家。

有一个例子可以从侧面反映出纽约城市趣味的扁平化特征。

---

① Philip B Meggs. A History of Graphic Design. New York: Van Nostrand Reinhold, 2005: 374.

② Edward K Spann. The New Metropolis: New York City, 1840-1857. New York: Columbia University Press, 1981:406.

20世纪三四十年代，纽约现代艺术博物馆成为欧洲现代主义在美国的传播地，如考夫曼和诺伊斯这样的知识界精英为美国的工业设计推出一套基于功能主义考虑的新的美学标准，并试图利用举办竞赛和展览的方式将“优良设计”的观念渗透到美国社会中去。但是，这一时期的设计师乔治·尼尔森（George Nelson，1907—1986）则对这种过分功能主义化的“夹板和橡胶造就的优良设计”提出了深刻的质疑。在《现代装饰》（*Modern Decoration*）一书中，尼尔森回忆了他的一个建筑师朋友租用马车拉家具的故事。他说，这位建筑师设计了很多十分现代化的住宅需要发表在建筑期刊上作为宣传之用，但是他的客户——这些现代主义住宅的真正使用者却没有配套的现代家具来配合布置室内环境，以达到与建筑相一致的效果。为了达到一个现代室内所需要的效果，这位建筑师只能雇用了一辆马车穿梭于这些建筑之间进行拍摄，他的马车上总是装载着“一个摄影师和他的相机灯光，一堆橡胶家具，以及一些阿尔瓦·阿尔托的凳子、扶手椅和桌子”。[①] 尼尔森的这个故事从侧面反映出完全舍弃了装饰的欧洲功能主义在纽约公众中普及的艰辛。而正是在这同一时期，插画家出身的雷蒙德·罗维（见图2-9）却因为迎合了城市消费者的趣味而成为纽约的设计明星。相反，在此后的数十年间，“优良设计”这一词语反而经常被用来调侃那些过于刻板和平庸的新艺术形式。例如克莱门特·格林伯格（Clement Greenberg）在20世纪60年代对极简主义作品提出批评的时候说他仿佛又回到了“优良设计的时期”。可见，与在等级化的趣味条件下不同，在

① George Nelson. Modern Decoration. New York：Whitney Library of Design，1979.

扁平化的城市趣味条件下，精英化的说教很难在纽约这样的城市取得完全的认同。

然而，正是在这样一个趣味并不高雅的城市，设计的功能却被发挥到了一个前所未有的维度。

图2–9 美国著名设计师雷蒙德·罗维，1919年前在法国学习绘画，苦于无法成为一流画家而来到美国闯荡，早年以画插画谋生。他的公司成功地承接了各种各样的设计项目，从香烟盒、饮料瓶到飞机、宇宙飞船。美国的《建筑论坛》认为他是世界上唯一可以乘坐自己设计的汽车、公共汽车、火车和飞机横贯美国的设计师。他曾作为美国家喻户晓的设计明星而登上《时代周刊》的封面

以平面设计为例，在20世纪中期的纽约，繁荣的印刷业、欧洲的艺术家移民和扁平化的趣味成为了设计的催化剂，使纽约平面设计呈现出与当时以欧洲为主导的西方设计所不同的面貌。王受之曾这样描述纽约的平面设计："欧洲的现代主义平面设计的基本特点是把设计进行理性化的处理，达到高度的视觉传达功能，取消大部分装饰，采用无装饰线字体，采用非对称的版面编排，甚至采用方格网络的基本结构来从事版面设计，从而达到高度次序性的设计特点。这种设计，尽管一方面结合了现代社会的节奏和传达需求，但却在另外一方面产生了比较刻板的设计面貌。"①而美国的平面设计师则在全面接受欧洲现代主义设计方法的同时对现代主义的形式进行改变，将生动的表情注入完全功能性的版面中，从而形成了独特的纽约平面设计。

事实上，不仅仅是纽约，20世纪上半期的美国在很多方面都

① 王受之. 世界平面设计史. 北京：中国青年出版社，2002：224–225.

呈现出扁平化的趣味特征。从19世纪中期开始，以纽约为代表的美国制造业日趋成熟。但工业设计人才的奇缺使得美国的制造在很大程度上都依靠对欧洲产品的复制和模仿。“那些有钱的就从国外直接购买原创的产品，而付不起钱的就使用美国制造的仿制品，这些仿制品大多是由从英国、法国和后来的德国移民来的设计师和手工艺者提供。”①到了第一次世界大战以后，欧洲的建筑师、设计师和艺术家就陆续地进入美国，成为美国的第一代设计师。美国蒸蒸日上的经济发展和对欧洲大陆战火的远离既吸引了在欧洲已经功成名就的建筑师，也同样吸引着更多没有名望的艺术家，他们大多在自己的国家遇到了生存的危机，尤其是一战后的经济大萧条让他们难以在自己的国家安身立业。但他们却在美国这一行动者云集的场域内找到了自己的位置。尤其是纽约，由于纽约印刷行业的急剧扩张，这些来自欧洲的艺术家大多都能在纽约的插画和橱窗设计行业找到工作机会，例如从新西兰移民入美国的西奈尔、法国的雷蒙德·罗维和来自希腊的约翰·瓦萨斯，他们后来都成为美国工业设计的佼佼者，而在这之前，他们都以画商业广告和插图为生。欧洲的移民为美国城市注入了活力，而欧洲人的趣味却在美国的大都市中被融合和被扁平化了。王受之在谈及美国平面设计的时候说道：“美国是一个由各个国家的移民组成的新国家，历史短暂，没有欧洲国家那种所谓悠久的民族传统，因而在设计上，美国人比较不讲究传统和文化根源，他们重视设计的良好功能，设计的经济效应，同时也希望设

---

① Arthur J Pulos. American Design Ethic: A History of Industrial Design to 1940. Cambridge, MA: The Massachusetts Institute of Technology, 1983: 119.

计能够使他们感到开心，对于美国人来说，设计具有某种乐天的特点，是他们喜爱的，特别在平面设计上，他们显示出比世界上任何一个民族都更加强烈的乐天倾向和爱好。”[①]在这段叙述的末尾，王受之将美国人在平面设计上具有的这种“生动活泼和游戏性的动机”归结为美国的“社会的需求、大众的需求与欧洲有很大的区别”，而在笔者看来，这最终是由趣味的差别决定的。

现代设计虽然产生于欧洲，但在欧洲人等级化了的趣味观念中，设计很长一段时间都被视为是艺术的派生物，是“艺术实践那可怜的小堂弟”[②]。萨穆尔·宾（Samuel Bing）和他同时代的设计改革家们对于艺术家转向实用艺术创造感恩戴德，认为是艺术家拯救了实用艺术。他说：“我们非常欢迎画家和雕刻家从他们的等级偏见中获得解放，并视其为一种快乐的和进步的事件；我们非常感激他们运用他们的影响力促进了手工艺的提高，并且在手工艺濒于崩溃时挽救了它。一大群艺术家——那些备受尊重的艺术家，他们从对抽象理论的冥想中转变过来，不但创造了形式和范例，更用他们的双手创造了实用的物品。”20世纪初的艺术评论家罗杰·弗莱（Roger Fry）曾在《艺术与社会主义》一书中规劝青年艺术家，让他们“在业余时间里”掌握一门实用艺术，作为维持他们生活的手段，目的是让他的艺术才能可以得到“不断的发挥”。在19世纪末20世纪初的很长一段时间里，设计艺术一直作为次等艺术处在趣味等级的下层，突出的一个表现就是虽然艺术家从事设计在当时已经司空见惯，但是

① 王受之. 世界平面设计史. 北京：中国青年出版社，2002：224.

② Paul O'Neil. Book Review of Alex Coles, DesignArt: On Art's Romance with Design. Art Monthly, 2006 (1).

图 2-10 克里姆特和弗洛杰在探讨新的服装式样（1905 年）

极少的艺术家能够承认这一点。很少有人知道，维也纳分离派的主要人物古斯塔夫·克里姆特（Gustav Klimt）曾在1904 年至 1905 年间就开始设计女装，但是，连克里姆特自己都不将其列入自己的作品范围，他视此为一种业余活动。所以，不同于他的绘画作品，这些服装连名称都没有，被随意地称为“夏装”、“音乐会穿着”等。将克里姆特的这一爱好记录下来的是他的朋友维也纳服装设计师艾米勒·弗洛杰（Emilie Floge）。弗洛杰将它们拍摄下来，发表在德国的装饰艺术期刊上（图 2-10、图 2-11）。

图 2-11 克里姆特于 1887 年画的身着革新的服装的索尼娅·尼普思（Sonia Knips）。尼普思曾经和克里姆特有过一段罗曼史，画中的尼普思正身着克里姆特和弗洛杰当时正在推行的“革新装”

如果说在克里姆特的时代，设计尚未成为一个专门职业或一门独立的学科，艺术家或是将设计作为一种消遣，或是将它作为一种业余时间维持生计的手段，那么，20 世纪中后期的画家埃德·拉斯查（Ed Ruscha）用爱德华·鲁歇（Eddie Russia）的假名从事平面设计就显得意味深长（图 2-12）。而与之相对应的情况是，美国的制造商则刻意地避免让公众知晓设计师的名字，而将设计师的名字附属在他们的公司品牌之下，因为在他们看来，如果设计师在公众中间的声誉提高了，其身价就会相应变高，他们将不再依附于原来的公司。

图2-12 爱德华·鲁歇作品，爱德华·鲁歇1937年生于美国的内布拉斯卡州，19岁时到洛杉矶乔纳德艺术学院（Chouinard Art Institute）学习艺术，26岁那年就在洛杉矶的FERUS美术馆举办了第一次个展。1973年起，他的作品在纽约著名的Leo Castelli美术馆展出。此后，他居住于纽约，从事绘画和平面设计工作

设计文化的生成条件既包含作为物理存在的城市空间，也包括作为精神或价值观存在的趣味空间。对于漂浮在一个城市上方的趣味空间的总结十分困难，因为对集体趣味的评价不如对个人趣味的判断那么直观，集体的趣味并不会主动地显露，而总是隐匿在偶然的或特定的事件中。尤其是对于城市这样的庞大的文化综合体来说，今天的都市总是被自然景观、人工建筑、工业产值或人均GDP的外衣层层包裹，城市的趣味则深藏于城市的性格内层，只是通过具体的文化生产和文化消费过程才显露出来。在深圳发生的这些事件有的与设计有关，也有的与设计无关，而与城市文化有关，单独地看待这些事件，往往会将研究引向产业或经济市场化的课题。然而，作为一个整体的文化生产和文化消费却显示出了深圳这个城市的一种特殊的趣味结构。

社会性的趣味通过人们的消费行为而表现。在上海，酒吧、“新天地”这些有特色的消费现象的大量存在及其拥有的

可观数量的消费群反映出这个城市具有一种异国和本土相对立的趣味结构。以布迪厄的“区隔”理论为视角来看，上海的城市趣味是一种等级化的趣味结构。拥有着更高社会地位和更多教育资源的阶层力图通过趣味这一手段来使自身与下一阶层产生区隔。与此相比较，深圳的城市趣味则呈现出扁平化的结构特征。本章选取了“大家乐”舞台、深圳人的阅读、大芬油画村和世界之窗作为案例。它们作为深圳在文化消费和文化生产两方面的代表，表现出了一种与上海的城市趣味不同的趣味结构。扁平化的趣味具有去等级化、去中心化、片段化、去边界化和开放性的特性。

扁平化的城市趣味所具有的这些特性为设计文化的生长提供了条件。与经典的强调个人化表达的艺术形式不同，设计的生成直接受到集体趣味控制下的文化生产和文化消费的影响，即西美尔所说的艺术品总是独一无二的，风格应该只保留给设计品。[①] 扁平化的趣味结构对于设计文化的意义在于两个方面：一是这种趣味结构下所呈现的开放性、无边界的特征使各种人力、物力和信息的资源的快速集聚成为可能，设计可以成为一种调用各种资源的有效的手段；此外，等级的去除摆脱了精英化的自上而下的引导，也摆脱了对权威的膜拜，而由合理性——而非阶级——决定价值正是设计的本质要求。

深圳城市趣味的特殊性也正在于此，一些在其他城市可能被不屑的游戏方式首先在深圳获得成功，但事实上我们知道这正显

① ［芬］尤卡·格罗瑙. 趣味社会学. 向建华，译. 南京：南京大学出版社，2002：119.

示着这座城市容易被“设计”的原因所在，因为生活取向倾向于轻松，所以容易为欢乐型的设计文化所吸引；因为生活方式相对简单，容易与追逐时尚及简约的设计语言产生共鸣；因为文化的平民化倾向，所以适合设计在大众传媒的推波助澜下生存。

3　设计的场域

前文所提到的“设计岛”这一概念，在许先生后来的阐述中已经得到了超越。在他的论述中，“岛”已经不是一个单纯的地理概念，因为世界上也同样存在着并不靠岛屿而拥有发达的创意产业的城市，如罗马、巴黎、纽约和洛杉矶。因此，设计之“岛”事实上可以指代两重特性：第一重特性是指设计活动的集聚性，设计活动频繁的某些诱因，其若干因素与弗罗里达在其《创意新贵》一书中所提出的创意能量聚集“有着一种天然的匹配关系”。“设计岛”有些共同特征是颇值得玩味的：“在这些多属岛国或半岛的地块上，城市不大，区域相对集中，信息来源受到某种限制而传播却非常便利，没有更多的资源条件，人口密集，商业发达，消费频繁，而且与传统的产业中心还都保持着一定距离……”各种资源在相对空间的聚集无疑是“设计岛”形成的前提之一。

“设计岛”的第二重特性是其开放性，这一特性既延续自地理概念的岛屿，凭海临风，四通八达，信息的交流在这里通畅而频繁，又源于设计本身的可塑性。设计是一个十分宽泛的概念，设计的活动可大可小，既可作为一种工具产生丰富的物质产品，又可作为一种话语营造出强有力的氛围和语境，使一个区域、一个团体能够向外扩展其文化。布迪厄的“场域”概念很适合用来解释这样一个既有一定的密度、向心的集聚性，又有畅通的信息发布渠道的空间。

3.1 “空间”与“场域”

城市理论由都市实体研究转向空间研究开始于20世纪六七十年代，这一转向很大程度上来源于60年代后的社会理论家对空间概念的重新诠释：“后现代主义者彻底脱离了如何对待空间的现代主义概念。鉴于现代主义者把空间看成是为了各种社会目的而塑造出来的某种东西因而始终从属于一种社会规划的建构，因而后现代主义者便把空间看成是某种独立自主的东西。”① 戴维·哈维认为，是启蒙思想使人们认知世界的方法变得绝对化，“（先前）社会理论始终都把焦点放在社会变化、现代化和革命（技术的、社会的、政治的革命）的过程之上。进步成了它在理论上的目标，历史事件成了它的主要的尺度。进步必须征服空间，拆毁一切空间障碍，最终通过时间消灭空间。”在时间构成的叙事维度中，“空间变成一个附带的范畴，隐含在进步概念的本身之中。”时间的叙述方式将一切事物视为现代化进程中的“短暂的瞬间”，而掩盖了空间和场所的“存在”，在现代主义者那里，“空间被当作死亡、凝固、非辩证、稳定来对待”，而

① ［美］戴维·哈维. 后现代的状况——对文化变迁之缘起的探究. 阎嘉，译. 北京：商务印书馆，2003：92-93.

“相反，时间却是丰富性、多产、生命、辩证。”[①]用强调多元化、同时性的空间概念代替启蒙运动以来的现代主义者一直所强调的时间和历史的单线发展观是后现代的社会学理论的共同指向。詹明信在《后现代主义，或晚期资本主义的文化逻辑》一书中指出：后现代的文化“已经让空间的范畴而非时间的范畴支配着”，表面化和碎片化是时间的空间化后的主要特征，他宣称，“事实上，我们目前必须再次正视的问题是：时间性与贯时性等具体经验将以何种形式在后现代世界中以空间及空间逻辑为主导的文化领域里展现。”[②]福柯则在《论其他空间》（*Of Other Spaces*）一文中明确地宣称：“今天的时代很有可能首先是空间的时代。我们处于一个共时性的时代：一个并置、共融、并列和分散的时代。”[③] 这种“空间的转向”被认为是20世纪后半叶知识和政治发展中最举足轻重的事件之一。[④]

由后现代的社会学家和地理学家共同倡导的空间理论为社会学研究提供了一个新的视角，但是，在脱离了对实践活动的历史的、线性的叙述之后，在面临具体的实践问题时该如何论证感知的和实践的空间之间的相互联系？在笔者看来，法国社会学家布迪厄的“惯习—场域”理论是从空间角度分析社会的一个有效工具。

场域概念是现代社会学中的基本概念，社会是由一个个“小

---

① ［美］戴维·哈维. 后现代的状况——对文化变迁之缘起的探究. 阎嘉，译. 北京：商务印书馆，2003：257.

② ［美］詹明信. 晚期资本主义的文化逻辑. 陈清侨，严锋，等，译. 北京：三联书店，1997：450，469.

③ Michel Foucault. Of Other Spaces. Diacritics，1986，16（1）：22-27.

④ 陆扬，王毅. 文化研究导论. 上海：复旦大学出版社，2006：212.

世界”组成的网络，“行动者”只有在行动的时候才对场域产生作用，而他们的行动又受到整个场域内其他行动者的合力的影响，这是经典的结构主义框架和后现代逻辑所看不到的。在笔者看来，设计对深圳城市文化的影响来自于某些具体因素的相互汇聚，这些因素包括设计师个人、民间的设计组织、企业、美术馆、展览机构，以及政府和政府官员，他们出于各自不同的生存目的，在不同的背景下共同建立起了对设计的关注，这些因素集合起来，成为一个城市在文化选择上的合力，在2003年偶然性的一点上提出以设计来定位城市文化，这就是布迪厄场域中的“行动的力量”。从这个角度来看深圳设计与城市的关系，可以有助于更真实地理解设计在当代中国的作用和价值问题，以及设计可能的发展方向。

布迪厄将行动者的实践视为是场域和惯习双重作用下的结果。他解释了感知的空间、主体的趣味和行动者是如何灵活地处于一种“无限多样化的任务”的状态之下，最终又同样地受制于空间结构的实际体验的。他认为，“惯习”提供了既定空间之内各因素相互联系的中介环节，是一种“持久设置的、经过调控的即兴表达的有创造力的原理”，它“产生了实践活动”，这种实践活动进而又首先产生有创造力的惯习原理的客观条件。[①] 场域则是一种对空间的隐喻——是“由各种创作者所占据的不同位置所组成的空间”[②]，它既包含了

---

① ［美］戴维·哈维. 后现代的状况——对文化变迁之缘起的探究. 阎嘉，译. 北京：商务印书馆，2003：276.

② ［法］皮埃尔·布迪厄，［美］华康德. 实践与反思：反思社会学导引. 李猛，李康，译. 北京：中央编译出版社，1998：121.

可感知的场所，又包含着由惯习引导的社会空间，以及显现的或潜在地影响着场域形成和结构的各种长久的或短时的社会因素，人们的实践活动是在惯习引导下的场域之中展开的。

皮埃尔·布迪厄（见图3-1）将“场域+惯习=实践”的这一理论武器用来分析各种社会实践。例如，他将15世纪的意大利艺术作为一个场域，他认为，一直以来的对于作品的局部分析和对于文艺复兴历史的宏大叙述都妨碍了人们对于这一场域的认识。“无疑这些作品离得太近了，就无法通过一种有备而来的辨识进行打乱和控制；离得太远了，又无法以直接的方式供适合的习性进行几乎有形的先行反思的把握。”在他看来，15世纪意大利艺术场域的真实面貌往往被绘画与宗教之间存在的“虚假的紧密关系”而掩盖，真正决定着艺术内容和技法的实际上是15世纪意大利人的“道德和精神观点”，更确切地说，是“一个经常去教堂听讲道的……、习惯于直接计算数量和价格的商人”的惯习。这是作为一种制度的艺术场域建立的社会条件，“没有这个制度就没有绘画的需求和市场；还有对绘画，更确切地说，对这样那样的体裁，这样那样的手法，这样那样的主题的兴趣。”以色彩为例，天青蓝在绘画中具有的特殊作用很可能被研究者所忽视。在这一特定的时期，天青蓝是继金银之后使用起来最为昂贵的颜色，虽然还有普兰可以作为更经济的替代品，但是当时的主顾向画家明确指出，使用的蓝色必须是天青蓝色，“更谨慎的主顾规定一种特殊的色调——每一盎司使用一或二或四弗罗林天青。”所以，在15世纪的意大利商人眼中，喜欢一幅绘画，就是以最“富贵”的颜色，最显而易见的昂贵，和一览无余的绘画技艺把“花费的都捞回来”。最终他指出，那些以非功利的和

“纯粹”的眼光来分析作品的企图事实上是对社会历史条件的置若罔闻。[①] 这里的“非功利和‘纯粹’的眼光”事实上就是指的传统意义上的“审美”的美学家的眼光。

图 3-1 皮埃尔·布迪厄（Pierre Bourdieu，1930—2002），法国当代社会学家。他曾经当过中学哲学教师。1958 年应征入伍到阿尔及利亚后其社会学研究工作。他于 1958 年、1963 年分别发表了《阿尔及利亚的社会学》、《阿尔及利亚的劳动与劳动者》两部著作，引起知识界关注。这两部著作使他成为法国高等实践学院最年轻的研究指导教授。1968 年至 1988 年任法国国家科研中心教育文化社会学中心主任，1981 年进入著名的法兰西学院执掌社会学教席。2000 年英国皇家学院颁发给他的赫胥黎奖章代表了国际人类学界的最高荣誉。他的主要著作有《实践理论大纲》、《区隔：趣味判断的社会批判》、《教育、社会和文化的再生产》、《语言与符号权利》、《实践与反思：反思社会学导引》等

布迪厄的“惯习—场域”理论对于本书而言有着借鉴意义，主要体现在以下三点：

第一，根据场域概念进行思考就是从关系的角度进行思考。“从分析的角度来看，一个场域可以被定义为在各种位置之间存在的客观关系的一个网络（Network），或一个构型（Configuration）。正是在这些位置的存在和它们强加于占据特定位置的行动者或机构之上的决定性因素之中，这些位置得到了客观的界定。”

① ［法］皮埃尔·布迪厄. 艺术的法则：文学场的生成和结构. 刘晖，译. 北京：中央编译出版社，2001：376-380.

而场域内行动者采取的态度立场（包括偏好和趣味）和他们在场域内的客观位置间则有着很密切的对应关系。[①]对于本书而言，“场域”意味着一个包含着外部因素和内部因素的特定的社会空间。经济的、文化的和社会的条件是场域的外部因素，这些外部因素一方面决定着场域的结构，同时这些因素也只能通过场域的结构而发挥作用。[②] 内部因素则由参与场域的各行动者因素构成，每一个社会的因素在场域中占据一定的位置，这些因素之间的相互联结、斗争和影响构成了一个关系的网络，即我们所研究的对象——深圳的设计场域。

第二，行动者是行动着的位置的占有者，也就是说，场域中的行动者本身既是客观的空间的占有者，同时又是自主的意识主体，有其自身的行动逻辑。各种行动者因素因其拥有的资本的性质、数量的不同而在场域内形成不均等的力量关系。作为意识主体的行动者之间的相互关系影响着场域形成的逻辑，场域自身特有的逻辑不可化约成支配其他场域运作的逻辑。“例如，”布迪厄这样说道，“艺术场域、宗教场域或经济场域都遵循着它们各自特有的逻辑：艺术场域正是通过拒绝或否定物质利益的法则而构成自身场域的；而在历史上，经济场域的形成，则是通过创造一个我们平常所说的‘生意就是生意’的世界才得以实现的，在这一场域中，友谊与爱情这种令人心醉神迷的关系在原则上是

---

① ［法］皮埃尔·布迪厄，［美］华康德. 实践与反思：反思社会学导引. 李猛，李康，译. 北京：中央编译出版社，1998：133-134.

② ［法］皮埃尔·布迪厄. 艺术的法则：文学场的生成和结构. 刘晖，译. 北京：中央编译出版社，2001：246-247.

被摒弃在外的。”[①]同时，场域内的力量则有可能在场域和场域之间相互渗透。因此，支配行政场域的逻辑不能够化约为支配设计场域的逻辑，但是行政场域内的支配力量却有可能渗透入设计场域，对设计场域内的行动进行干预和产生影响。

第三，行动者的行动潜在地受到“惯习”的支配。场域内部力量及其逻辑最终为各个场域设定了边界，而惯习则可以跨越了场域和场域的界限而存在。惯习作为一种“持久的、可转换的潜在行为倾向系统，是一些有结构的结构，倾向于作为促结构化的结构发挥作用，也就是说作为实践活动和表象的生成和组织原则起作用”。刺激“只有在遇到习惯于辨认出它的行为人时才能起作用”。[②] 布迪厄对惯习是“性情倾向系统”的定义展现了惯习是一个既主观又客观的结构。一方面，惯习是一种行动者的性情倾向，表现为行动者对外部刺激所作出的“即兴创作”，而不是服从某些规则的结果，因而它是主观的；另一方面，这种性情倾向又是系统和有规律的，这就使实践活动能够通过有意识的理性得以分析。持久性、潜在性、普遍性是惯习的主要特征。持久性决定了惯习是一种习得的过程，长久地作用于行动者的实践活动；潜在性决定了它只在无意识的层面上起作用；普遍性决定了惯习对场域的影响广泛存在，并可以从一个场域转换到另一个场域。例如在本书所研究的具体案例中，“中间状态”的城市特性和由此生发的“扁平化”的城市趣味就可以视为是操纵着行动

---

① ［法］皮埃尔·布迪厄，［美］华康德. 实践与反思：反思社会学导引. 李猛，李康，译. 北京：中央编译出版社，1998：134.

② ［法］皮埃尔·布迪厄. 实践感. 蒋梓骅，译. 南京：译林出版社，2003：80–81.

者们的一种潜在的惯习，它超越于各行动者因素的主体意识和主观目的之上，也超越于行动者所占据的场域的空间之上，成为设计场域内一切“预想和前提的原则，我们通过这些原则在实践中构建世界的意义”。①

布迪厄的“惯习—场域”理论是一种用于分析特定群体的运行机制的行动理论，它对于本书的借鉴意义在于，这一理论为本书研究深圳设计文化提供了一条可能的思路。在布迪厄的场域理论中，场所、惯习和行动者是场域得以形成的主要因素，而在论及有关文化实践的问题时，与审美有关的“趣味”作为文化资本的主要组成部分则与他在实践理论中所使用的“惯习”十分相近。趣味存在于“惯习”之内，是“性情的倾向系统”的一部分，只是在人们遇到文化问题时才被激发的一种审美定势。因而，趣味也同样具备持久性、潜在性、普遍性的特征。借助布迪厄这一研究视角，本书在上文已经描述并分析了深圳城市空间和趣味空间的主要特征，这二者构成了深圳设计实践存在的必要的空间基础。进而，行动者将成为本书后半部分的主要研究对象，在以下篇幅中本书将把深圳的设计文化作为一个场域，研究置身于其中的各种力量因素，它们自身的发展逻辑以及相互影响、相互作用的能量交换过程，是场域内不断变化着的个人、组织、机构和团体的相互作用和力量的博弈构成了今天我们所看到的深圳设计文化的总体面貌。

---

① ［法］皮埃尔·布迪厄. 艺术的法则：文学场的生成和结构. 刘晖，译. 北京：中央编译出版社，2011：389.

3.2 设计场域的形成

人们一般将深圳设计的产生归因于两个要素：第一，中国经济的发展；第二，毗邻香港的地理位置。王受之在谈到中国现代设计的时候说道："作为经济活动的一部分，设计必须被推向中国的经济体制改革的前台。尽管官方并不一定承认，但是在过去的十年里（这里指的是1989年前的十年，本书作者注），对于新设计的需求仍然以空前的速度增长。……这一需求是如此迫切和强烈，以至于中国的建筑师和设计师都来不及在设计和构思方面投入更多的精力。通常情况下，对于设计机构而言，最为便利的方法就是通过复制国外的模型以完成客户的任务和赚取利润。深圳的设计就是一个最具代表性的例子。""在1979年，国家政府决定将这个小村庄变成中国实施特殊政策的改革开放的试验场。深圳在一夜之间改变了原有的面貌：数以百计的摩天大楼拔地而起，迅速遍及深圳河两岸，人口猛增，Texaco，Shell，Chevron这些加油站标志到处可见。……深圳这一案例体现了当时中国设计的整体环境，这是由中国经济的迅速增长造成的。"[①]加拿大设计学研究者王少仪（Wendy Siuyi Wong）更是断言，深圳设计在很长一段时间里都是中国大陆最为先进的设计。[②] 王少仪的这一评价虽然在一定程度上过于极端，但是，如果说深圳设计是改革开

---

① ShouZhi Wang. Chinese Modern Design：A Retrospective. Design Issues，1989，6（1）：49-78.

② Wendy Siuyi Wong. Detachment and Unification：A Chinese Graphic Design History in Greater China Since 1979. Design Issues，2001，17（4）：65.

放后中国大陆最接近西方的设计，则是一点都不为过的。

对于深圳设计的这些理解虽然不尽全面，但基本上勾勒出了深圳设计的基本面貌：商业化和西方化催生了深圳的设计产业。

1992 年和 1996 年的两届“平面设计在中国”展可以看作是深圳设计场域形成和存在的标志性事件。1992 年，一批深圳平面设计师努力地按照西方赛事的程序和规范在深圳组织了一次较为大型的设计竞赛。活动邀请了来自中国香港、中国台湾和加拿大的设计师担任比赛的评委，最终选出 174 件获奖作品。由于当时中国尚未引入类似的赛事机制，这次活动吸引了很多对设计十分感兴趣的年轻人参加，如今在南方颇有声誉的很多平面设计师如陈绍华、王粤飞、王序、王敏、韩家英、毕学锋、林磐耸、龙兆曙等都在这一次比赛中崭露头角（图 3-2、图 3-3）。① 这是十多年以后深圳将 1992 年展会视为一次成功展会的原因之一。1992 年展会的另一成功之处是将散落在以深圳为主的南方设计

图 3-2　1992 年“平面设计在中国”展览现场

① “平面设计在中国”获奖作品索引. 1992.

师集中到了一起。据该展会的获奖信息显示，参与这次活动的设计师主要来自南方省市自治区如深圳、台湾、广西、浙江和湖南，也有部分参与者来自北京。

图 3-3 陈绍华 1992 年设计的“平面设计在中国”海报，这幅作品的立意为“起步”，用陈绍华自己的话说：“‘平面设计’作为一种文化的形态，这条路怎么走？”图中相互缠绕的两条腿代表着中国设计和西方设计，这既是当时的现状，也是一种反思。这幅作品不仅成为陈绍华个人创作的经典之作，也是中国当代平面设计史乃至中国当代设计史的里程碑式的作品

作为 1992 年展会的直接结果，深圳平面设计师协会于 1995 年宣告成立，这被认为是中国大陆第一个由民间产生的平面设计师协会。[①]协会的成立使得“平面设计在中国”展览成为该协会的一个常设活动，也使得 1996 年第二届“平面设计在中国”展览的举办成为可能。两次展览和平面设计师协会都具有十分浓厚的民间色彩。1992 年展览的赞助者是深圳一家名为嘉美的设计公司，当时王粤飞任这家公司的总经理，1992 年展会的组织者也大多来自于这个公司。到 1996 年展会举办之时，深圳平面设计师协会已经成立，并设有一名主席和六位常务理事，因此 1996 年展会所需的 30 万元经费都来自于这些常务理事的个人赞助。协会的第一批成员由个人会员和团体会员两部分组成，团体会员主要由参与或赞助过 1992 年展会的公司组成，包括部分设计公司及一些相关企业，团体会员大多需要通过展会作为平台宣

① Wendy Siuyi Wong. Detachment and Unification: A Chinese Graphic Design History in Greater China Since 1979. Design Issues, 2001, 17 (4): 65.

传自身形象，另一方面他们则需要承诺，以提供资金的方式支持这个新协会所有的必需的学术活动。个人会员则通过递交申请由理事会表决通过的方式产生，第一届个人会员共 25 人，其中有超过三分之一会员来自嘉美公司和原陈绍华所在的国际企业服务公司。当时嘉美和万科属下的服务公司都还存在，但是陈绍华已经脱离这家公司独自创业，开办了陈绍华工作室。在他之后开办个人工作室的还有后来来到深圳的韩家英和张达利。1995 年平面设计协会成立之时，深圳已经有了多家以个人名字注册的设计公司，继龙兆曙于 1991 年 7 月在深圳注册了第一家以个人名字命名的公司“深圳市龙兆曙设计有限公司”之后，陈绍华、韩家英、夏一波、陈一可、曾军的个人工作室也相继成立。而 1997 年嘉美公司解散后，王粤飞、董继湘、王序以及后来嘉美和万科培养的毕学锋、王文亮、张达利等人也加入了个人工作室的队伍。①

20 世纪 90 年代的这些活动可以视为深圳设计场域形成的过程。设计场域首先是由少数个人和企业发展起来的，其他同行响应了他们的意图，从不同的方向进入先行者所在的空间并接受了他们所提供的标准，使得一种体现为关系的场域逐步形成。场域的形成是设计发挥作用的第一步。对于具体的深圳设计来说，从 1992 年到 2007 年是设计在深圳的意义被不断提升和扩展的时期，场域的参与者由个人或小团体发展到行业协会，由单个行业扩展到同类行业，由民间影响到政府，又由政府推广到社会。事实上，20 世纪 90 年代以后的十多年中，深圳设计所经历的这一过

① 资料来源于深圳平面设计协会会刊《平面》第一期，1996 年。

程可以被视为是场域不断地寻求突破的过程，这一过程代表着场域内行动者的诉求的不断提升和场域关系的不断扩大，本书将在以下的章节重点讨论这一问题。

3.3　设计场域的位置

从空间的角度观察，当代中国深圳的设计场域的形成与城市空间、政府力及市场力有很大关系。一方面，中国自 1979 年改革开放以后，作为国家改革开放前沿城市的深圳成为由经济供求关系支配的大市场，它在向海外和周边发达地区输送人力和原材料的同时也从外部输入信息和商品提供给中国内地的消费者，这就决定了市场力在设计场的产生过程中具有重要作用。这一点与西方设计是有类似之处的。另一方面，深圳作为中国的一个行政单位，受国家和地方行政的管辖，政府或政府部门的行政力也通过一定的途径进入设计场域，并在设计场中占有一定的力量优势，这一点在设计场的产生过程中显得十分明显。设计场与市场力、行政力和城市空间的位置关系参见图 3-4。

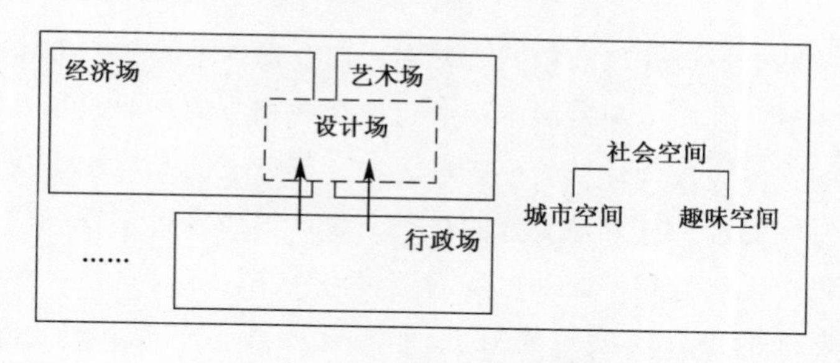

图 3-4　设计场的位置

设计场域内的各种活动——设计师、企业、机构和组织之间的分散或组合必须参照市场力、行政力和社会空间的影响才能得到解释。对于中国的设计场域来说，包含了城市场所和城市趣味的社会空间是设计存在的前提和空间基础，只有在城市集聚了大量的人力资源、物质资源和趣味资源后，设计文化才有可能形成具有一定范围的场域。行政力和市场力二者处于支配地位，其拥有的资本左右着设计场域的产生。布迪厄在考察西方社会的场域时将场域中的资本概括为经济资本、文化资本、社会资本和符号资本。他认为，经济资本是最为主要的权力资本，其他资本与经济资本有着很大的关联性和同一性。而本书则认为，在中国的社会空间中，经济资本是可能与其他三种资本相分离的。例如市场是经济资本的主要来源，市场对于设计的需求直接催生了设计职业的出现。而行政力则拥有其他的各种资本，如它掌握着一部分文化资本向设计场域的流入，还拥有先天的组织优势，掌握着大量的社会资本，通过行政手段十分便捷和有效地调用各种资源。

3.3.1 市场力对设计场的控制

市场力对设计场的控制表现在，商业设计最终是产业链中的一个环节，其产生和发展不可避免地受到相应的产业水平和市场需求的支配。在设计场的形成过程中，制造业的发展水平决定了设计发展的水平甚至是设计的种类，设计场所致力于发展的自主性逻辑也无法逾越产业和市场的逻辑而独立存在。

深圳的设计实践首先在平面领域展开，这是由中国的客观现实决定的。制造产业是设计发展的重要条件，而印刷业作为一种低成本、低技术含量的低投入产业，在改革开放之初的中国沿海城市大量出现是极其自然的现象。从20世纪70年代末到90年代，深圳印刷业在近二十年的时间里迅速发展。考察深圳印刷业的发展，不仅在于其引进的先进技术设备和大量印刷企业的出现，更重要的是，这个城市在二十年的时间里建立起了完善的印刷产业链，从处于产业链后端的单纯的加工型企业扩展到材料、研发、加工、流通全面循环的成熟的产业模式，这为深圳平面设计的产生提供了必要的技术和市场基础。

历史地看，平面设计的发展从来都离不开印刷技术的进步。设计史学通常将15世纪中叶古滕堡发明活字印刷术作为平面设计史的开端，19世纪摄影术的发明又被作为平面设计工业化时代开始的标志，19世纪末平版印刷的发明又促进了平面设计的民主化进程，使文字和图形从少数的特权阶层进入了寻常百姓家庭。而经过整个19世纪的工厂体系专业化的建立，视觉传达也在这一过程中被分解为设计和生产的不同单元，并成为一门具有系统性的新职业。①

深圳平面设计的产生与深圳印刷业的发展有直接的关系，而深圳印刷业的发展又得益于改革开放以后深圳制造业的全面展开和香港经济的辐射作用。珠江三角洲经济的起步开始于一种尝试性的企业贸易形式，即由外部提供设备（包括由外部投资建厂房）、原材料、来样，并负责全部产品的外销，由内部

① Philip B Meggs. A History of Graphic Design. New York：Van Nostrand Reinhold，2005：64-78.

企业提供土地、厂房、劳力的“三来一补”结构。无论从资金设备还是从需求角度来说，香港都是外部投入的主要来源，深圳实施的“三来一补”尝试使得深圳迅速成为中国香港地区乃至亚洲的生产基地。大量的产品需要大量的包装，深圳的印刷业也逐渐繁荣起来。

表 3-1 为 1979 年到 2005 年深圳市印刷企业数量统计表，能够直接地反映出深圳印刷业 26 年来的发展速度。第一列所示的两家印刷厂为深圳龙岗印刷厂和宝安县印刷厂，这是 1979 年深圳建市时仅有的两家印刷企业，员工共 100 人。1979 年 8 月 10 日，深圳成立“深圳印刷制品厂”，这是深圳成为特区以后的第一家“三来一补”型印刷企业，由当时的香港嘉年印刷有限公司、广东省出口商品包装公司、深圳市轻工局三方签订协议后成立。这三个单位的名称在下面还将经常出现，它们与中国南方职业平面设计的出现有着直接的联系。尤其是嘉年印刷有限公司和广东省出口商品包装公司在此后的十几年中又有过多次的合作和人员的往来，这些合作和往来与深圳平面设计业的产生之间有着极为密切的联系，或者也可以说，是新生的设计行业重新组织了印刷企业的资源。此后的整个 80 年代，深圳印刷始终维持着这种“前店后厂”式的发展模式，适应阶段的发展速度相对缓慢，这一时期的深圳印刷似乎还没有达到“业”的规模。但是，由于当时的印刷业较之于其他行业是一个“低门槛”的产业，技术含量相对较低，仅靠几台香港淘汰的印刷设备就能够进入市场，而市场对于包装的需求又在持续增长，很多投资者或“下海”者都参与了这一行业，甚至连当时的深圳大学也建立了自己的印刷公司。

表 3-1 深圳的印刷企业①

年份	1979	1987	1996	2000	2003	2005
企业数	2	45	741	1 213	1 600	2 048

20 世纪 90 年代在深圳当地被称为是印刷业的“黄金十年”。90 年代中期以后的深圳，无论是印刷企业数量、从业人员数量还是企业总产值都迅速上升。除了来自海外资金投入的持续增加以外，国内市场逐渐成形，国内的需求成为深圳印刷企业的一个新的且重要的业务来源。据称，在 90 年代末，每年承印中国市场所需的唱片包装数量不但足以维持一个中小型印刷厂的生存，还能获取高额的利润。即便如此，20 世纪 80 年代和 90 年代在中国南方发展起来的这批印刷厂在全球的行业链中依然处于末端，无论规模大小，都是生产和加工型的企业，补偿贸易是其运转的主要方式。

随着深圳印刷产业链的日益完善，深圳成为国内印刷产业的中心之一，尤其是在包装印刷方面，以产品包装为主导是深圳印刷业的一个特点，占据深圳全部印刷企业总数的 60% 以上，产值为印刷业总产值的 70%。同时，包装印刷的发展带动了其他印刷品种的扩展，“北书南印”一时间成为中国印刷业的一个普遍现象。从国内市场的占有量来看，深圳成为继北京、上海之后兴起的中国第三大印刷中心城市；从海外和中国香港地区的投资量来看，深圳印刷则超过了其他地区，在全国遥遥领先，深圳的印刷业前景似乎一片光明。但是，随着时间的推移，在又一个十年到来之际，情况发生了改变，变化来自两个方面。一方面是外

① 汪治，孙晓岭，熊道伟．深圳印刷产业发展状况分析与未来展望．印刷杂志，2006（8）：33．

部环境的改变。深圳印刷业的发展很大程度上应归因于其后发优势：20世纪80年代，北京、上海现代印刷业已经发展了很长时间，新中国成立后引进的印刷设备和印刷技术已经开始面临淘汰；深圳印刷的发展则主要得益于印刷设备的先进，“三来一补”的经济模式使得深圳印刷企业在资金、设备和技术方面都领先于国内其他城市。然而，经过十多年的逐步更新，北京、上海地区印刷企业在硬件水平上已经与深圳企业处于同一水平，而其软件方面，即对包装和印刷的研究已经有了几十年的积累。例如，上海于1956年就成立了上海印刷技术研究所，他们很早就开始了对印刷字体设计、图文版面设计等的专门研究，一旦设备和技术问题得以解决，这些软性方面的潜力和优势就将会得到发挥。因此，2005年以后“北书南印”的现象开始减少，深圳一些大型的印刷企业如雅昌公司也开始在北京建立分公司，深圳印刷开始面临来自国内其他地区的挑战。另一方面是内部竞争引起的改变。深圳本地印刷企业数量的持续增长引发竞争的产生，20世纪90年代既是深圳印刷业的鼎盛时期，又是印刷企业开始大量分化的时期：一方面是成百上千中小型企业继续保持“三来一补”的加工型模式；另一方面，逐步的资金积累也使大型的印刷企业开始产生，竞争就不可能再仅仅停留于数量层面，“三来一补”这种简单加工型的模式也必然要被打破。[①] 一些较大型企业

① 20世纪90年代，深圳印刷业已经形成了成熟而完善的产业链，其上游是设备、材料等硬件环节的供应（包括印刷设备、印刷器材、纸张和版材、零件供应和生产、材料深加工、设备维护）；印刷企业处于整个产业链的中游，业务包括研发、设计、制版、印刷和印后加工；处于产业链最下游的物流、交易和服务环节本来对深圳外向型加工企业来说是无须考虑的内容，但是，随着国内市场的开拓，一些大型企业也开始参与这一环节，“三来一补”的模式被打破了。

开始尝试拓展新的业务领域，深圳的平面设计实践就产生于这一背景之下。

3.3.2 行政力对设计场的控制

行政力即政府力。在本书研究的特定空间里，行政力对设计场域的影响和控制甚至超过了市场力。行政力对设计场域的影响表现在以下几个方面：

1）优先占有并控制文化资本

1952年，中华人民共和国政府成立对外贸易部，负责对外贸易的专营活动，由于改革开放前特殊的政治背景和经济发展的双重需要，外贸部成为国内为数不多的几个能够接触到国际最新讯息的部门之一。70年代末80年代初，外贸部由于其特殊的地位站在与国际交流的前沿。出于对外贸易的需要，这个部门拥有比其他部门更多的对外交流的机会和信息资源。在设计领域，世界平面设计领域的几种重要杂志，如《Communication Arts》《Art Directiors Annual》《Graphis Posters》（这些杂志在90年代后被奉为平面设计实践和教学领域的经典刊物），在70年代末就已经成为外贸系统单位内部图书馆的陈列书目。

除此之外，每年两次的广交会也成为体制内的美术工作者了解西方设计状况的一个有限的窗口。他们在与外商的洽谈中接受到一些来自西方的商业设计信息，例如向国外的订货商和经销商了解一些国际上通行的包装标准、形态、色彩、价格，以及产品的尺寸、材质是否适合国外市场需要，等等。

2）组织有效的设计文化输入

20世纪80年代，为了发展对外贸易，政府及政府所属部门还通过一些展销活动、知识讲座、技能培训从国外引入相关行业的设计资讯。80 年代的外贸部组织的联合国包装培训班就是其中影响比较大的一例。

20 世纪 70 年代，西方国家已经经历了丰裕社会而进入后现代发展时期，各种社会团体纷纷建立，联合国对外援助项目增多。在设计领域，联合国早在 70 年代初期就开始组织发达国家的设计师和志愿者进入发展中国家，进行现代设计的“传教”，为当地生产提供援助。由于“文化大革命”的影响，这一援助计划在 80 年代初才在中国得以实施。1980 年到 1981 年期间，在外贸部和联合国的安排下，一批来自英国、瑞士、瑞典和美国的设计师作为援助志愿者来到中国。他们中的大多数并不出名，在自己的国家都是自由的职业设计师，拥有个人工作室。在联合国的组织下，他们自愿到第三世界国家进行现代设计的“传教”。培训班的目的是传播西方的设计方法和商业设计理念，让发展中国家更快地融入国际社会。培训采用从中央到地方的形式，与中国当时的行政体制相结合，达到了扩散和传播的作用。然而，这一面向全国主要对外贸易城市的培训在大部分城市似乎波澜不惊，但在深圳却得到了强烈的回应。培训在北京、天津、长沙、杭州和昆明等几个大城市进行，为期最长的培训时间为一个月。由外贸部负责召集全国外贸系统的一线骨干力量前往各地进行培训，由于费用和体制的限制，每个省只能抽调一到两名外贸系统的工作人员作为正式学员。在培训全部结束后的 1981 年，所有参加过培训的学员在昆明作了一次全国性的设计培训班成果总结和传达会，最终再由这些学员向各个省的外贸系统进行传达。

20世纪80年代初，在中国南方，体制内的美术工作者所掌握的设计知识有很大一部分直接或间接来源于联合国的培训班。现在是深圳著名的平面设计师之一的王粤飞这样回忆道：

> 我们这一代人都是从传统的美术教育走来的，对于现代设计是没有任何了解的。我和王序当时年纪还很小，只能作为旁听生列席培训班的课程，连做作业的机会都没有。但是培训班所教授的内容给予我们的震动是可想而知的：在一下子接触到了这么多的国外信息之后，我们才逐渐明白了什么叫作“平面设计”。听讲的那一个月我们一直都非常激动，每逢看到幻灯片上播放的作品就非常兴奋。……海报仅占幻灯片中很少的一部分，更多的都是品牌系统的实际案例，比如logo、包装、企业形象等，……我记得很清楚，当时上课的教师是著名的美国“朗涛设计”的创办人瓦尔特·兰多，课程的名称是《包装设计定位》。课程的中心内容是说，要根据销售市场、消费者和产品进行科学的分析，设定指标，根据市场调查信息和数据来制定设计策略，清晰地进行设计定位，实现设计目标。这在今天看来已经是老生常谈，但这个事件对于我们当时这些年轻的头脑来说简直就是一场风暴。
>
> 兰多先生带来的那些图片资料于我们而言是极其珍贵的，我还记得当兰多先生在杭州讲课的时候，杭州班的学员还设法偷偷复制了他的那些幻灯片。他们在晚上买通了兰多先生所住宾馆的服务员，偷偷将他每天上课要用的那套幻灯片从他房间拿了出来，花了一夜的时间

翻拍那些图片，然后按照顺序排成原样，第二天一早又偷偷送回他的房间。兰多先生并没有发现这些学员的“恶劣”行为，只是在第二天上课的时候发现有几张幻灯片被放颠倒了，他也没有太在意。……从兰多先生那里偷出来的这批资料，后来成为了培训班的共享材料，每个省都复制了一份，作为难得的学习资源。在今天看来，这种做法是很不好的侵权行为，但是在当时中国的情况下，一是没有这种意识，其次这也是不得已而为之的。①

王粤飞的这段回忆至少说明这样两个事实：第一，20 世纪 80 年代中国现代设计技术的稀缺；第二，政府成为这些稀缺资源的有效的组织者和传播者，并且曾经试图以同样的力量将这些设计资源分散到中国各地。在这一过程中，深圳由于自身所具备的某种优势而对政府主持的这一文化活动有所回应，政府这一活动的有效性也正体现于此。

这样，现代设计中的一些具体的知识和操作方法通过政府部门安排的有意识的培训进入中国，又由于中国南方密集的行业资源得以向社会传播，这使得现代设计概念在中国开放后的最初十年里，尤其是在深圳这样的城市中得到了认知和认可，这对于这个城市未来十年设计业的发展具有重要的作用。

3）充当设计的赞助人

深圳嘉美设计公司建立于 1986 年，是深圳最早成立的一家设计机构（图 3-5），虽然名义上是一家合资企业，但事实上国

① 源自本书作者 2008 年 5 月在深圳对王粤飞的访谈。

有企业在其中占据了很大的份额。嘉美公司的股东一共有四家，其中的三家都属于国有企业：广东省包装进出口总公司、莱英达集团和香港粤海公司（事实上是广东省包装进出口总公司驻香港的办事机构），此外还有一家经营设计器材的纯粹的香港企业，这家公司在嘉美所占的股份仅为20%。嘉美公司的主要成员也来自广州。广东省包装进出口总公司是国家轻工业部下属的一家国有企业，其包装研究所集中了一批“文革”后进入社会的美术人才，其成员包括今天已经在平面设计领域获得声望的黄励、王粤飞和王序，他们中的一部分在嘉美公司成立后就从广州调往深圳，成为经营嘉美公司的主要力量。事实上在实际运作中，包装研究所很早就与当时同样是半官方半民间性质的嘉年印刷形成了联合体。合作使两方面的发展空间都得以拓展：对于嘉年公司来说，国内业务量的扩大使他们必须要解决一部分产品的设计问题，而他们在当时缺乏足够的智力资源和设计设备；对于包装研究所来说，他们具备足够的智力资源和设备，缺乏的是自由发挥能力的空间。这样，潜在的需要使两方面的合作一拍即合，国有企业的一部分资源开始参与民营公司的发展。

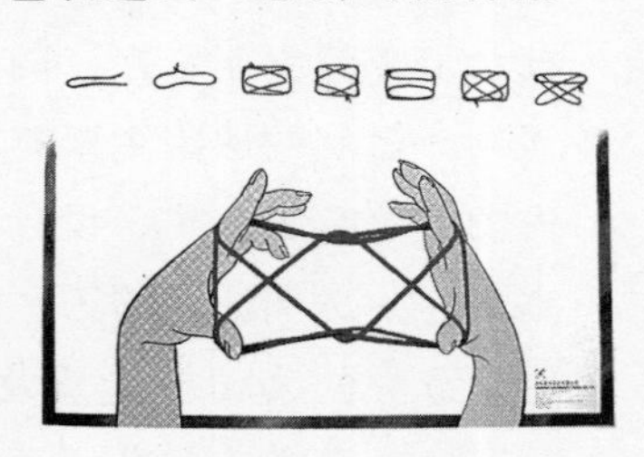

图3-5　王粤飞、陈一可设计的深圳嘉美设计有限公司海报，由毕学锋和陈一可绘图

虽然很难将国有企业等同于政府力或行政力，但是在当时的环境下，国有企业的作为仍然不能够等同于其他的普通企业，因为与当时一般以营利为目的的企业不同，在某些特定的情况下，国有企业会将更长远的利益置于经济利益之上，嘉美公司就是其

中的一例。在五年之后，嘉美的股东又一次充当了设计的赞助者，促成了1992年“平面设计在中国”展的举办。

从1987年成立到1992年，深圳嘉美设计公司已经在业内和社会上都建立起了极好的声誉，公司经营状况十分好，每年都有盈利。盈利的原因主要有两点：一是由于竞争少，当时设计行业内的竞争几乎为零，设计师都集中在零星的一两家设计公司中。嘉美作为深圳成立的第一家设计公司，拥有的人才和资金优势使后来成立的公司望尘莫及。二是当时正逢深圳诸多的“三来一补”企业开始市场化，要进入市场竞争，嘉美服务过的几家大型公司，比如三九制药、南方制药厂、深圳发展银行、深圳国际投资信托公司，都在这一时期进入市场，竞争的需要使得这些企业开始关注自身产品的形象问题，再加上许多慕名而来的国内其他地区企业设计的委托，嘉美公司自1987年以后每年的盈利都十分可观。

所以，到了1991年，王粤飞作为嘉美公司的中方总经理向嘉美公司的董事会递交了一份报告，报告中陈述了他们想要筹办一个名为“平面设计在中国”的展览活动，这个活动是非商业目的和非营利性质的，希望董事会能够让公司来解决所需要的经费约30万元。报告得到了董事会的支持，作为股东之一的夏泽贤——他一直以来都是广东省包装进出口公司的总经理——对此事表示肯定，因为他始终认为，设计师和他们所从事的事业应该得到社会的认可。这样，嘉美公司承担了1992年“平面设计在中国”赛事和展览所需要的全部经费约30万元，这笔经费主要用于三个方面的开支，即聘请海外评委、租用场地和出版展会刊物。

2003年以后的情况则又发生了新的变化，由于下文将要提到的某种契机，政府直接地干预了设计力量的组织，政府也成为设计场域内的一部分——一个积极而有效的行动者，关于这一部分内容，本书将在“场域的扩张”一章中详细叙述。

需要明确的是，市场力和行政力是对设计场域产生影响的两种有形的和现实的力量，社会作为一个空间，对设计场域的影响也是至关重要的。我们或许可以通过美国社会学家福山对社会资本的论述来理解这一点。在福山看来，社会资本不仅仅是指一种权力或社会资源，也包含着一种在行政规范、制度规范以外的、无形的价值观的认可，是某一特定的社会群体中存在的非正式的集体价值观：“社会资本可以简单地定义为一个群体之成员共有一套非正式的、允许他们之间进行合作的价值观或准则。”[①]他进而将社会资本的基础分为两个方面，一是人的本能，即那些出于非纯粹功利考虑的情感因素。在一个社会单元中，很多人对同一个事物往往会拥有相同的看法，这种情感因素会影响到这个社会的大多数人采取具有一致倾向的行动。深圳是一个移民城市，其文化传统并不丰厚，市民是城市的趣味主体，深圳的行动者对于文化的一致性选择与这些因素直接相关。另一方面是人的理性，即人们出于利益的需要而“自发地产生出解决社会合作问题的方法的能力”也会创造出“社会资本”。同时，无论是出于情感因素的趋同还是出于理性的需要，在关键时刻社会资本的确立还是

① ［美］弗朗西斯·福山. 大分裂：人类本性与社会秩序的重建. 刘榜离，王胜利，译. 北京：中国社会科学出版社，2002：18.

需要有等级制的权威（如城市政府）来引导和进行必要的补充。[①]从这一角度来看，深圳设计的场域从产生到“设计之都”的成形，很大程度上既受到了社会资本的作用影响，同时也是一种社会资本的再创造过程。

3.4 “边界”中的深圳设计场域

我们所讨论的这个场域是一个处于“边界”中的场域，这是深圳设计场域的一个重要特征。

上文已经提到，深圳城市比较重要的一个特点是它处于一种“边界”的状态之中，“边界”成为整个城市的内在属性（见前文第 1 章第 3 节）。深圳发展起来的设计和边界化的城市有某种渊源关系，从设计的角度考虑，边界状态也同样成为深圳设计场域的重要特征。深圳设计场域的“边界状态”主要体现在以下四个方面：

1）资本构成的边界状态

在中国大部分城市的企业还处于以国营企业、私营企业和个体企业划分的时代，深圳就出现了诸如“三来一补”型这种有外部资本参与的企业形式，这使得深圳的很多企业在其所有权方面呈现出一种资本构成的边界状态，而在人力资本方面也体现出一种特殊的灵活性，设计机构也是如此。

例如，深圳第一个设计公司——嘉美设计公司的前身是一

---

① ［美］弗朗西斯·福山. 大分裂：人类本性与社会秩序的重建. 刘榜离，王胜利，译. 北京：中国社会科学出版社，2002：177-178.

家名为“嘉年”的印刷企业[1]的设计部，其内部的设计力量主要由两个部分组成：一小部分是嘉年印刷公司原有的美术工作者，另一部分来自广东省包装进出口公司。设计部在成立之后的经营状况良好，设计部开始在完成本公司的业务之外以独立的身份为社会的其他企业提供额外的服务。他们开始自行制定设计合同，并出面接洽业务，如对方需要成品，则交由嘉年来负责印制。这样，这个设计部只需要在每一笔业务中划出一定的印刷费用支付给嘉年，而剩下的差价就可以作为设计部门的盈利。这一不明显的转变从表面上看是这个部门设法获取额外利益的自然选择，但进一步来看，这是处于一个行业末端的加工环节和处于行业前段的设计环节的主动权的互换。

设计部于1987年从嘉年公司独立出来，成立嘉美设计公司，这成为深圳最早成立的一家专业设计机构。嘉美公司的资本构成情况在上文已经提到过，这种资本构成的边界状态对深圳设计场域有着重要的影响。深圳所出现的合资性质的设计机构和设计组织可以被视为中国原有的官方设计机构和后来出现的独立设计师之间的一种过渡的、边缘的和中间的状态，这种

① 深圳嘉年公司本身也可以说明深圳企业资本构成的边界状态。嘉年公司成立于1979年，原名为深圳印刷制品厂，是深圳最早成立的“三来一补”型企业之一，由当时的香港嘉年印刷有限公司、广东省出口商品包装公司和深圳市轻工业局三方组建而成。这是深圳特区建立之初的一个十分普遍的现象。1983年深圳印刷制品厂改名为深圳嘉年印刷包装有限公司。香港嘉年和广东省包装进出口公司继续在这里投资入股，而由于国家轻工业部已经分为轻工业部和纺织部两个部门，深圳轻工业局也作了相应的调整，其下属的轻工业公司代替了轻工业局的位置在新的深圳嘉年公司投资入股。1986年，嘉年印刷公司建立起一个企业所属的设计部门，即后来的嘉美设计公司。

方式使得深圳的设计机构、设计组织和设计活动在很大程度上都体现出一种跨边界的灵活性。这种既非民营又非国有的中间状态使得行政力和市场力能够在设计场域以同样的力量发挥各自的作用。

2）行业的中介性质

深圳经济的发展并不完全表现为制造业的发展，服务性行业同样也在深圳较早地发展起来。与国内更多城市中以设计作为一种原创性质的艺术手段，因而体现出一种“为设计而设计”的实验性设计不同，在深圳发展出的设计公司或设计组织更多的是一种中介性质的设计服务机构，例如陈绍华最初所在的“国际企业服务公司”、李克克所在的“广告顾问有限公司”。这类设计的作用，是为上游的企业客户和下游的制造业客户双方提供有目的的和符合各自需求的设计服务，这种服务型的机构本身在20世纪90年代的中国内陆城市是比较少见的，但在深圳却是十分兴旺。因此，深圳设计行业所体现出的中介性质和这一套立足于服务的机制是深圳的设计场域所特有的。

3）中西方文化的中介位置

在地理位置上，深圳南面香港，北近广州，如果将改革开放前的广州视为传统根基深厚的内地文化的代表，而香港则是接受了西方文化和南方文化的代表，从港、穗、深三地的文化传播来看，深圳则又是一个处于边界之中的中介者。因此，下文将谈到，深圳的设计场域体现出既立足于中国传统又试图超越中国传统这一界限的迫切要求。

4）文化身份的中间状态

以上职业的、资本的和中西方文化的中间状态直接影响了深圳的文化。正如本书在“扁平化的趣味空间”这一章中所谈到的，深圳的城市趣味和城市文化完全不同于北京、上海。北京强调体制的中心，上海强调正宗而纯粹的文化，这两个城市始终相信自己是某种文化的中心，边缘状态的文化很难在这样的城市空间中被认同。而深圳这样一个既非文化中心又非体制中心的边缘地界则形成了一种文化上的中间状态，它既不强调中心，也不强调纯粹。所以，从文化身份的角度看，深圳也是在“边界”中而不是“边界”上。

在深圳发展起来的设计和边界化的城市有着某种渊源关系，同时也和它在整个中国设计格局中的独特的定位有一定关系。边界化的城市和边界化的设计定位这两种边界重合起来使得深圳的设计场域显示出一种凝聚力和扩张力的平衡，使深圳的设计不仅反映出强烈的地域性特点，同时还反映出强烈的非地域性特点和去地域性特点，即所谓的超场域化，这就是深圳的设计力量的主要特征。

布迪厄的“惯习—场域”理论是本书研究特定群体的实践活动的主要理论工具，这一理论将人们从事实践活动的范围视为社会的基本单位——场域，强调实践活动是行动者的惯习与行动者所在的场域位置相互作用的结果，“由位置所产生的决定性力量已经强加到占据这些位置的占有者、行动者或体制之上，这些位置是由占据者在资本的分布结构中目前的或潜在的境遇所界定的。”①

---

① ［法］皮埃尔·布尔迪厄. 文化资本与社会炼金术：布尔迪厄访谈录. 包亚明，译. 上海：上海人民出版社，1997：142.

而惯习则“可以被理解为实践与占位之间的必要的联系”。[①] 这一理论为本书研究深圳设计实践提供了一条可能的思路。在场域的视角下，深圳设计活动的参与者——设计师、设计师的团体、企业、赞助人、政府以及学术机构都成为深圳设计场域的切实的行动者，他们处于共同的场所环境和趣味空间之下，出于不同的利益目的参与到设计活动中，构成深圳这一社会空间中相对独立的设计场域。

设计场域存在于社会空间之中，受到城市的场所环境和趣味环境的影响。同时，在深圳城市这一具体的案例中，由于资本构成的特殊性，场域的形成和行动者的实践还受到行政力和市场力两种力量的掌控，这是 20 世纪 90 年代深圳设计实践的特殊表现，在某种程度上说，也是中国设计实践的特殊之处。当然，我们必须看到，中国设计并不是只有深圳，正如王少仪在回顾 20 世纪的中国设计时候说的，深圳设计由于某些在地理上和政策上的优势而一度呈现出与中国其他城市不同的面貌，并发展出了中国大陆第一个民间的平面设计师协会，而在 1994 年以后，中国城市的设计活动无论在数量上还是质量上都迅速成长起来。到了 90 年代后期，深圳在平面设计方面已经未必再是中国大陆居于领导地位的城市，其他一些城市挑战并迅速地取代了深圳的位置，建立起它们自己的活动机制，包括有关企业形象的会议、国家范围的设计竞赛和国际设计展览。例如上海平面设计师协会也

① Pierre Bourdieu. Distinction: A social Critique of the Jugement of Taste. Cambridge, MA: Harvard University Press, 1984: 101.

在 1998 年建立起来，成为中国大陆第二个建立的职业设计团体。[①]

实践的方向最终掌握在行动者的手中，“它们（事实）的性质是集体行动的一个结果，而不是原因。我们面对的从来不是科学、技术和社会，而是或强或弱的联合的整个范围，因此，理解事实是什么与理解人们是谁是同样的工作。”[②] 从本章开始，设计实践的参与者将以“行动者”的身份呈现在设计的场域之中，以其主观的、能动的参与改变着自身在场域中的位置，也改变着场域内部的结构，成为设计在城市中发挥作用的重要条件。

---

① Wendy Siuyi Wong. Detachment and Unification：A Chinese Graphic Design History in Greater China Since 1979. Design Issues，2001，17（4）.

②［法］布鲁诺·拉图尔. 科学在行动：怎样在社会中跟随科学家和工程师. 刘文旋，郑开，译. 北京：东方出版社，2005：420.

4 场域Ⅰ：场域的自主

自主性是场域生成的必要的第一步。设计作为一种新兴力量，通过必要的手段为自身建立起合法性，从而达到场域的自主。这些手段包括：区分自身与他者，即通过设立对立面以形成自身与他者的一定程度的区隔，从而强调自身的鲜明特征；为新行业设定新的参照对象，以发展出一套有利于自身发展的新的评价标准；建立起新的机构，以识别他们的同行以及竞争者；在内部设置一定的等级，以形成相对完整的自我完善的体系，等等。通过诸多手段，新的力量寻找到在特定空间中存在的基点，借助这一基点，新力量不但可以在社会空间中安身立命，更将自身所拥有的文化资本转化为社会资本、象征资本乃至经济资本，吸引更多的社会力量参与到围绕新逻辑和新标准的运转中来，成为与新的设计力量共同的、休戚与共的行动者，设计的场域由此形成。

场域自主最明显的一个表现就是深圳的设计师及其团体将“革新”的意义植入到设计文化之中。从理论上来看，设计无论是作为一种工具或媒介，还是作为产业链的一个环节，或者作为一种关注日常生活的态度，本身并没有新旧之分。但是，在设计场域自主化的过程中，行动者为求得场域的自主化和自身的合法性，必须设立一定的参照，以区分自身与他者。参照既包括设立一个准确的对立面，也包括为自身树立一个值得依靠的榜样，并划分同行甚至竞争者。其中，新的榜样、新的评价标准、新的机构、新的等级和新的领袖是建立合法性过程中必不可少的要素。

因此，场域的自主是一个渐进而又主动的过程。尽管行动者并不自觉，但是自主化过程在深圳设计场域中表现得依然十分清晰，这一过程由场域中活动着的个人、协会、机构和赞助者共同组成。从传统型的城市空间进入这个新空间的趣味集合体试图寻找一种新的途径、新的标准和新的秩序，为他们的事业建立起合法性，哪怕这一事业本身并不是创新，而仅仅是对西方国家竭尽全力的模仿。新移民们在为设计植入意义的过程中不遗余力。在20世纪90年代的大部分时间里，他们通过搭建展览平台、组织协会和出版书籍的形式来推进他们的事业。其中，1992年和1996年的两次展览成为实现设计场域自主的主要平台。

4.1 设计场内的行动者

行动者是场域的基本元素。

作为场域内活动元素的“行动者”在本书有两层含义：一是从功能—结构方面来看的静态位置关系。“行动者”是功能—结构体系中的一个部分或环节，行动者通过具体的行动使得系统的功能目标得以实现，即吉登斯所谓的“舞台是固定的，行动者只根据已经替他们写好的剧本进行表演”。[①] 二是“行动者”是行动的力量。“行动”的意义在于，这一力量不但具有主观的能动性，而且能够通过自身的能动力量使事物的状态发生改变，因而，“行动者”就不仅仅是中介者，而且是转译者。[②] 对行动者的这一理解来自于拉图尔的社会学理论，这一定义对于本书有重要的参考意义。因为按照拉图尔的这一定义，“行动者”就不单单是被置于某一位置的被动的个体，而是存在着差异的主动的力量，他们虽然处于中介的位置，但却有能力根据自己的力量和趣味判断而采取行动。“他们并非像我们通常理解的那样是自然本身，而仍然是对自然的某种解释、表达、表现，是对解释自然有所参与的东西。简言之，行动者是任何具有行动能力的物和人。”[③]这一理解也就意味着，事物的最终状态也不是既定的和必然的，而是会根据行动者的力量和具体判断而改变其进程。

设计场域内的行动者包括设计师及设计师团体、产业界、学术界、赞助人、政府、媒体和城市民众。设计师及其团体是设计文化的发出者，掌握着设计场域内的文化资本，在设计场域形成阶段是场域的主要驱动力量。在一定的机遇下，产业界、学术界、赞助人和政府出于自身的需求逐渐将力量渗入设计场域，最终形成设计的共同体。设计师与在设计场域之外的行动者各自都有着自身的发展逻辑和行动目标，在一般状况下，他们按照自身

---

① ［英］安东尼·吉登斯. 社会的构成. 李康，李猛，译. 北京：三联书店，1998：76.

② ［法］布鲁诺·拉图尔. 科学在行动：怎样在社会中跟随科学家和工程师. 刘文旋，郑开，译. 北京：东方出版社，2005：185-204.

③ ［法］布鲁诺·拉图尔. 科学在行动：怎样在社会中跟随科学家和工程师. 刘文旋，郑开，译. 北京：东方出版社，2005：169-170.

的逻辑和既定的目标行动，相互之间并不一定产生联系。但是，在特定的场域、特定的城市场所和趣味空间之下，他们的行动目标有可能相互勾连。布迪厄用舞蹈来比喻场域的活动，在这里也同样适用：行动者的组织犹如一场在露天舞台表演的自由舞蹈，在共同旋律的召唤下，其中的个体和团体都踩着各自的舞步，时而彼此反向，时而彼此交错，时而踏着同样的步伐，时而并排或组成临时的阵列，在这样一种不规则的有序状态下推进着整个舞蹈的进程。

4.1.1 产业元素

产业的发展状况是设计场域发生和发展的前提。现代设计是建立在工业化和批量生产基础之上的产业链的一部分。现代设计只有在那些拥有一定产业基础的空间中才可能存在。在深圳，低成本、低投入的制造业在过去的三十年中大规模存在，成为深圳城市的一个显著特征。目前，产业已经进入资源重组的阶段，设计环节在这一过程中凸显出其重要性。

4.1.2 设计师

设计师是设计场域首先的和主要的行动者，是设计文化的发出者，拥有较大数量的文化资本。在场域产生的第一阶段，即场域自主化的过程中，设计师以革新者的姿态进行诸多努力使自身的存在合法化，因而设计师是场域自主化阶段的主要角色。在场的第二阶段，即设计共同体的阶段，场的内涵扩大的情况下，设计师则由文化资本的持有者转变为象征资本的持有者。

4.1.3 设计师团体

设计师的团体包括设计展览、设计协会等小型的设计共同体，设计师通过建立团体而明确自身、同行和竞争者。团体为行动者提供明确的身份，也增强了他们的归属感，设计师以团体的名义组织的活动、发行的刊物有助于强化场域的自主性。设计师团体通过在内部划分等级而完善自身的结构，使得支持场域存在的标准和支持场域运转的逻辑得以扩展和延续。此外，相互竞争的设计团体在一定程度上扩展了场域运动的空间。

4.1.4 赞助人

赞助人是最早在深圳城市空间立足的行动者，也是扁平化的城市趣味的主体。赞助者来自对场域具有控制作用的市场力和行政力。在场域产生的第一阶段，赞助者由拥有着经济资本的企业主和拥有行政资本的国企主管组成。他们认可了设计师们的革新要求，通过赞助作为实体存在的设计展览而赞助了作为空间存在的场域。在场域的第二阶段即设计共同体阶段，赞助人扩展到了学术机构、政府和媒体。

4.1.5 学术机构

学术机构主要指美术馆和大学，在场域的第二阶段出现。在场域的第一阶段，学术机构是独立于设计场域之外的、具有自主逻辑的另一个空间存在。在设计共同体形成过程中，学术机构则作为文化资本的拥有者、设计展览的赞助者和设计共同体的行动者之一而进入了场域，并同样是以革新者的姿态进入场域。

4.1.6 政府

政府力或行政力始终是现实空间中的场域最强有力的赞助者，运用其掌握的文化资本、社会资本和象征资本控制着场域的发生。政府在场域的自主化阶段间接地介入场域，而在设计共同体阶段则直接参与到场域之中，并尽可能地将场域扩大至政府力量所能到达的极限。

4.2 设计师身份的独立

首先提出独立要求的是最早通过各种途径来到深圳的一批设计师。他们因深圳印刷产业的勃兴、对外贸易的开放、信息交流的频繁和用人制度的宽松等各种原因成为新的城市空间的一员。

平面设计这一职业产生于20世纪四五十年代的美国，二战后西方国家商业竞争的加剧使这一职业迅速神化成为企业制胜的法宝，“好设计就是好生意”（Good Design is Good Business）这一著名论断更为平面设计打开了通往美好前景的大门。平面设计（Graphic Design）这个词汇与其包装过的大量产品一起流入了世界市场。英文的“Graphic”一词源于希腊，原意为“图形、图表或书法”，在印刷业出现后引申用来指代图文并用的印刷版面形式。虽然随着平面设计范围的扩展，西方在20世纪60年代以后对这一行业更为专业化的名称已经变成了“Visual Communication Design”（这在中国20世纪90年代后期的本科专业目录中被译为“视觉传达设计”），这是由于影视等新影像技术被应用于信息传达后，原有的“graphic”已经不足以涵盖这一行业所包括的内容。但是在西方，“Graphic Design”还是被普遍地沿用下来。[①] 在中国，根据这一名词的含义，传统上将这一行业归属为美术行业，因而更为直接地译为商业美术或印刷美术设计，在一些全国性的赛事中也使用这样的名称。

然而，这一新行业在深圳刚刚生成就试图为自己改弦易辙。这并不是由于旧有的名称已经不适合新的内容，更大程度上，这是深圳的新团体需要为这一行业植入一种新的意义，以便与旧有的评价体系分道扬镳。

为设计树立起“革新”形象的首要做法是新名词的创造和推广，像20世纪90年代初出现的诸多其他新鲜事物一样，在毗邻香港最近的新生城市深圳，这一目的通过向外国引进新名词和新术语得以实现。深圳的第一批设计师——“革新”意义的植入者们——声称，他们第一次将“Graphic Design”这个名词引入了中国内地，第一次在中国内地使用“平面设计”这一名称，也是第一次为平面设计“正名”。设计师王粤飞回忆道：

> 1991年夏天我和王序开始计划要做一个叫作“平面设计”的展览，我们就像延安时期的热血青年一样，

---

① 尹定邦. 设计学概论. 长沙：湖南科学技术出版社，2004：162；John Skull. Key Terms in Art, Craft and Design. Austrialia：Elbrook Press，1988：98；Richard Hollis. graphic Design：A Concise History. London：Thames and Hudson，1994：8.

> 凭着一股子热情，想要烘一烘国内设计界的气氛。……我们策划了1992年的“平面设计在中国”展，这是破天荒第一次在中国提出了平面设计这个概念，展览的英文名称叫作“Graphic Design in China 1992”，是我们第一次把“Graphic Design”这个概念介绍到国内，也就是第一次让平面设计名正言顺地展现在大众面前。[①]

“正名”的说法在今天的深圳媒体对平面设计的报道中十分普遍，行动者们坚信，自己就是这一行业的领军人。事实上，“平面设计”这一名词所涵盖的印刷品设计、包装设计、商业海报或标识设计等内容早在20世纪二三十年代就已经在中国出现，在当时的新兴城市上海，这一行业早已蔚为壮观，有专门的设计和制作人群，也出现了一批如李慕白、杭稚英等从事商业海报创作的大师和代表作品，像鲁迅这样的文人也因为意识到了民族产品包装和宣传的重要性而花费很多精力参与创作。只是在当时这一行业被统称为“商业美术”，目的是为了与传统的纯精神和审美意义上的美术相区别，从此这一名称一直被沿用至90年代。而深圳设计师在20世纪90年代初提倡的“平面设计”则是一个字面意义颇为模糊的词汇，尤其是“平面”一词，既不体现其专业目的，又不代表其专业范围，即便是使用“Graphic”的直译形式“图文”也要比“平面”这一名称精准许多。[②]日本人的做法一般是直接引入这一名词的外来语发音而非其指代的意义。

---

① 2008年深圳，王粤飞访谈。

② 按照英文的Graphic Design原义，可翻译为“图形设计”或“图文设计”，根据其引申义可翻译为“印刷设计”、“印前设计”等。

他们通常根据“Graphic Design”这一专用名称的发音将其直接转换成片假名“グラフイック デザイン”，来指代这一从西方传入的商业设计概念，例如“社团法人日本グラフィックデザイナー協會”（Japan Graphic Designers Association，简称 JAGDA，日本平面设计师协会），又如 Thames 和 Hudson 编写的 *Dictionary of Graphic Design and Designers* 一书被翻译为“グラフィック・デザイン&デザイナー事典”。而日语中的“平面设计”一词则是指与“立体设计”、“空间设计”相对的一种设计形式。况且，在 20 世纪 90 年代“设计”仅用于工程、机械领域的背景下，“平面设计”更容易令人联想起建筑平面的施工图纸。深圳展会的主创者曾经提到，1992 年 4 月“平面设计在中国”展出后，观众反映最多的一句话就是“原来这就是平面设计”。这句话直到现在都让主创者甚为自豪，但是也从另一方面说明，王粤飞所谓的“正名”这一做法事实上并不有效，反而使“包装”、“广告”或“装潢”这一原本具有清晰指向的行业概念变成了含义模糊的“平面设计”。

那么，90 年代的设计师为什么要竭尽全力地用一个含义模糊的新名词来取代原有的指代准确，并已沿用多年、被广为认可的名词呢？究其原因，这是由两个迫切的愿望造成的：一是迫切地接近西方和模仿西方的愿望。这是 20 世纪 80 年代后中国存在的普遍现象。当时，牛仔、摇滚、健美这些词汇与它们所代表的西方文化一起迅速地通过日本、中国香港或中国台湾拥入中国大陆。对于深圳新生的设计行业来说，新的名词代表着西方更为“先进”的文化，而对于当时的深圳而言，最接近西方的地方就是一河之隔的香港。“平面设计”这一中文翻译究竟是由谁首先使用的已经很难追溯，但可以推断的有两种可能：一是中国香港或中国台湾设计师创造了这一翻译，由深圳设计师引入中国大陆；二是深圳设计师在与香港或台湾设计师的交流过程中自己创造了这一专业术语。探究这一术语产生的源头并不是本书的目的，本书的目的在于讨论“革新”这一意义被植入设计的过程。无论如何，或通过引入或通过创造，都是在深圳的这批设计师将“平面设计”这一名词以“主动误取”[①] 的方式介绍到了中国大陆。

这一主动的“误取”体现了更深层次的另一个迫切愿望，即迫切地脱离“美术”标准的愿望。上文已经提到，20 世纪 30 年代以来的“商业美术”概念将印刷品设计这一行业限定于“美术”的大门类之中，20 世纪 50 年代和 70 年代末的两次院校学科调整也因此沿用了这一概念和分类方法，将商业美术和工艺美术糅混成为“美术”门类的下一级学科，为了与强调精神和审美价值的国、油、版、雕、壁相区别而统称为“实用美术”。这一学科的分类使得“商业美术”在研究方法上自然而然地遵循了美术学的惯用方法，图像学——从画面呈现的色彩和形态角度去探究和评判一件作品的意义和价值的研究方法也被同等地适用于“商业美术”学科。一个学科的研究方法总是在很大程度上决定了这一学科的评价标准，因此，在评价标准这一层面，图

① 关于“主动误取”一说参见：朱青生. 将军门神起源研究——论误解与成形. 北京：北京大学出版社，1998：40. 注 1：在不同文化的相互交流过程中，存在着“主动误取”。除非出现了征服性灭族（文化族群），即一个文化在一定条件下完全取代另一个文化，一个文化的“他文化化”是不可能的，可能的只是这个文化的自我寻求完美的需要。各人（文化内的个体或集体）根据各自对本文化现状的理解而对他文化因素进行主动误取。

像学也就成为评价印刷设计——这一后来被更广泛地与广告、传播和社会学联系在一起的专业——作品好坏的唯一标准。

深圳最早的这批平面设计师来自国内各地的美术院校，他们在学校接受了传统的美术教育，也接受了这些研究方法和评价标准。但是，在他们来到深圳以后的实践中，或自觉地发现了原有评价标准的不适用，或仅仅是感受到了自身在这种评价体系中没有出头之日，总之，脱离原有的美术评价体系成为这一代设计师共同的愿望。这一愿望在深圳这个远离中国内陆体制的新型城市中显得既迫切又实际：在看到了设计师在西方享受的优越地位和自身已经享有了一定的经济独立以后，他们已经完全有实力脱离原有的评价体系，去创造一种新的标准来为自身的存在建立起与旧体系同等的合法性，让自身成为新标准的权威。因此，从这一切实利益出发，用“平面”来取代“图形”或“印刷”，更主要的是，用“设计”来取代“美术”这个字眼，避免引起人们对于“美术”或“图画”的联想，这种做法是完全有必要的和经过了深思熟虑的。

4.3 以西方为范

中国在 1977 年恢复高考以后，进入 80 年代已经开始有大专院校的毕业生陆续进入社会，成为中国社会和经济在“文革”后的第一批新智力资源。总的来说，深圳新建的合资企业吸引他们的原因有两个：一是良好的工作环境，包括厂房设施、与内地传统企业不同的人事管理制度等；二是能比内地企业获得更多的新资讯。事实上，除设备上的先进以外，当时这些处于产业链后端的纯加工性质的印刷企业并不拥有多少在设计方面的先进资讯，但是，进入工厂的西方精美的包装产品与当时内地对产品包装的忽视在这些大学生眼中形成了强烈的对比。这一对比与他们在学校接触到的一些零星的、来自西方的商业设计理论相碰撞，从实际上印证了他们在课堂上所获得的信息，更增加了他们对于“看世界”的向往。所以，“国际化”成为深圳平面设计的主旋律，而当时所谓的“国际化”在一定程度上是对西方设计的模仿。

“平面设计在中国”展会创办于1992年。展会的推动者是几位年轻的设计师王粤飞、王序、贺懋华和董继湘，赞助者是深圳嘉美设计公司。展会的意图是要让设计行业在传统的美术领域之外获得认可，为设计行业树立一个新的权威和评价体系。要达到这一目的，在当时的条件下，借鉴西方已有的展会模式，模仿西方的赛事流程，甚至直接引入西方的评价标准，将西方设计树立为行业权威无疑是这些急于革新的志愿者们取得成功的最为便利的捷径。

> 我们一直都希望要搞一个像国外那样的设计大赛，希望能够按照他们的专业标准，用他们那样的形式组织一次设计比赛，这个想法终于在1992年得以实现。……我们几个（王粤飞、王序等）在早些年就开始尝试参加国际上组织的各种平面设计比赛，比如华沙和肖蒙的海报展，以及Graphis组织的赛事。虽然无一获奖，但是通过他们的刊物和杂志，我们了解了西方正在举办的活动。我们觉得，那就是一种标准，一种规范，我们中国也必须按照这个来做。我们按照自己填写

> 过的报名表设计报名表的样式，按照我们参与过的流程计划报名和比赛的程序，也像国际上的那些比赛那样第一次在中国的同类赛事中向参赛者收取了报名费；比赛中的项目分类也完全按照他们在比赛中设定的类别分为广告、海报、包装、书籍和企业形象等几大门类；更重要的是，我们聘请了西方的评委来为比赛作出更权威的评判。[①]（着重号为本文作者所加。）

“平面设计在中国”展会主创者王粤飞的这段话代表了20世纪80年代在深圳出现的第一批设计师们对西方标准的推崇。正如20世纪初的海派新文化将西方视为“摩登”的代名词一样，西方标准在改革开放后的前沿城市深圳也被视为“现代化”的同义语，这在深圳刚刚兴起的设计领域尤为如此。设计史学者王受之在20世纪80年代末也注意到了这一问题，他在《中国现代设计回顾》一文中指出，“在对中国设计的研究中，至关重要的问题就是要看清，中国设计的现代化运动是真正意义上的现代化运动，抑或仅仅是对西方的不成熟的模仿?”在王受之看来，深圳在改革开放初期所呈现的建筑、工业和广告设计的繁荣首先来自于改革开放以后城市建设的大量需求，国家需要将深圳在极短时间内建设成为一个现代化城市的样本。在这一背景下的所谓现代设计运动，“既没有时间去领会西方的新潮流，又来不及消化中国自己的丰富传统”，因而“充其量只是对西方现代主义设计和后现代主义设计或一切新鲜玩意儿的模仿”。[②]王受之的这一观

① 2008年5月深圳，王粤飞访谈。

② Shouzhi Wang. Chinese Modern Design：A Retrospective. Design Issues，1989（1）.

点虽然有其武断的一面，因为正如上文所提到的，模仿西方仅仅是设计师用以抗衡传统美术评价体系、为自身事业建立合法性的一种手段，但是他也同样中肯地预言了设计师为自身建立起合法性的若干年以后，即为设计植入“革新”和“现代化”意义以后所面临的何去何从的现实问题。

4.4　新标准和新秩序

对于为自身寻求合法性的行动者而言，尽快地设立起一套便于使用的标准或评价体系是至关重要的。在这一问题上，行动者们遇到了一个两难的选择：一方面，他们需要向社会尤其是市场宣扬自身的特殊性，那么他们就必须用艺术的标准来说服经济的标准；另一方面，他们从一开始已经宣布了要拒绝接受原有美术评价体系，也宣布了与原有的艺术权威的决裂，面对这一强大的对立面，他们又必须用经济的标准来对抗艺术的标准。那么，什么是好的设计？如何寻求一种既客观又代表他们自身利益，既有革新意义又具备足够的权威的评价标准呢？在这一方面先天不足的行动者并不如他们策划展览那样充满自信，然而问题最终还是得到了解决，行动者们很快认识到，直接将标准问题抛给他们的榜样——西方设计师是解决这一问题的捷径。

在条件许可的范围内，1992 年展会的主创者们尽可能地在与西方最接近的中国香港和台湾地区邀请到了一批设计师作为赛事的评委，他们是石汉瑞（中国香港）、余秉楠（北京）、王建柱（中国台湾）、陈幼坚（中国香港）、靳埭强（中国香港）和尤惠励（加拿大）。四年之后的 1996 年展会评委则来自澳大利亚、法国、日本和韩国（图 4-1）。

图 4-1 “平面设计在中国 1992”展会评审团：石汉瑞、靳埭强、陈幼坚、余秉楠、王建柱、尤惠励

展会还邀请了香港大一艺术设计学院院长吕立勋、台湾印刷与设计杂志社和香港设计师协会挂名担任组委会成员。通过这三个机构，展会在香港和台湾地区也组织到了一批参赛作品。此外，台湾的加入使展会具有了政治上的可宣传性。1992 年展览于 1992 年时候 4 月 29 日开幕，当时的深圳特区报是唯一对展会进行官方报道的新闻机构，在第一版用很小的篇幅，标题为“海峡两岸首度设计交流——深圳举行‘平面设计在中国’展”。报道一共才寥寥数百字，将其宣传为一次“海峡两岸的合作”。①

① 深圳特区报，1992 年 4 月 29 日，第一版。

西方人的眼睛帮助深圳设计师解决了评价标准的问题，他们为设计场域的行动者提供了一把标尺，此后，这把标尺被反复地使用和复制在各种类似的场合。西方的评委对于设计场域的自主起到的影响表现在两个方面：一方面，这把标尺让深圳的设计师了解了西方人是如何看待中国设计的，怎样的作品才能进入国际化的行列；另一方面，一批以中国元素见长和以图形见长的作品获得了较高的荣誉。经西方评委遴选出的这批优胜作品成为场域寻求自主性的新的参照物，为设计场域的后来者提供了成功的样本。

通过1992年展会这样一种竞争机制的建立，行动者不仅对外宣布了与传统的美术权威的决裂，同时也在场域内部建立起了必要的秩序，标准也随之确立，用以区分场域内的先行者和后来者，树立新的权威。

4.5 群体的独立

1992年的展会是深圳设计场域自主化过程中的一个关键性的节点，通过展会，行动者一方面将原有的权威和评价体系排斥出场域，另一方面也相互确认了行动者之间的同行关系。固定的团体、共同的纲领和共同的游戏规则是场域的自主化过程中重要的一步，行动者们一旦确定了他们的目标和需求的一致性，设计场域的自主化就成为行动者共同参与的一项集体事业。

深圳平面设计师协会建立于1995年，是中国内地第一个民间自发组织的设计师协会。他们对于新事业有着一致的诉求，并同样对西方设计已有的成就表示肯定。协会在客观上使分散在深圳各地的新设计师们以整体的名义与其他团体进行沟通，同时也在一定程度上满足了这些身在异乡的新移民所迫切需要的归属感。龙兆曙、陈绍华、韩家英、夏一波、陈一可、曾军、王粤飞、董继湘、王序以及后来嘉美和万科培养的毕学锋、王文亮、张达利等成为1995年成立的平面设计师协会的主要成员。从客观上看，新协会成为一个与美国的ADC或日本的设计师协会类似的机构，使得深圳新的平面设计师在参与国际交流时拥有了统一的身份：他们不再是某一个公司的“职员”、“业务员”或“美工”，而以统一的“设计师”的团体身份出现在国内和国际的各种场合。

设计师的团体通过一致的纲领、具体的章程、详细的活动计划以及对入会资格的强调而明确了自身。协会招募同行的文本显示出了这一团体清晰的目标：

> 我们处在风云正起的设计时代，受到鼓舞的年轻设计师参与着国际间的文化交流。那些站在启发未来文化时代前沿的中国设计师源于他们不灭的探索精神，我们需要天才和智慧，需要勇气，需要崇尚平面设计的新人。深圳市平面设计协会是中国平面设计的精英团体，代表着中国平面设计的中坚力量。协会尊重每一位会员，全体会员将分享协会的荣耀，并为以下口号不断努力：“设计把握未来”。地不分南北，人不分老少，本会不分派别，包容不同学术观点，和而不同，主张学术批评，百花齐放。本会欢迎每一位以设计为理想并为此而努力的设计师加入。
>
> 本会会员的权益：会员享有选举权、被选举权和表

决权（团体会员无选举权）；会员享有参加本会活动的权利；会员可免费参观本会的各种展览及免费设计讲座；可免费收到本会编辑的会刊、通讯等资料（含国内外设计人物及作品介绍、各类设计展览、讲座、设计书籍、设计竞赛、人才交流、人事变动、专业公司介绍、行业需求等信息、有关拖欠款、不道德竞争的单位、版权问题通告等等）；会员享有送交设计作品参加本会组织的展览（不含邀请展）的权利；会员享有优先和优惠参加本会组织的竞赛的权利，等等。本会将根据以下基本条件审核会员资格：A. 国际及国内专业设计比赛作品入选及获奖；B. 个人设计作品的专业设计水准；C. 对中国及本地区设计教育产生推动性影响等贡献。……①

（着重号为本书作者所加。）

章程规定，协会的成员由个人会员和团体会员两部分组成，团体会员主要是与设计有关系的企业，包括部分设计公司、广告公司以及一些纸张、油墨、制版和印刷公司，他们或是对1992年的展会投入过数量不大的赞助，或是需要通过与设计师团体的联系宣传自身形象。团体会员的加入有助于扩大协会在社会层面的知名度，进一步巩固其合法地位。因而对于团体会员的准入资格是宽松的，团体会员只需要承诺，他们会以提供资金的方式支持这个新协会的一切学术活动，以保证协会的正常运转。个人会员的参与程序则要复杂得多。他们需要持有一位推荐人的亲笔推

① 见《深圳平面设计师协会章程》。

荐信、先前参加过的设计赛事的入选及获奖作品证书、呈交20幅个人作品的电子文件，“这20幅作品中不得少于10个案例，可以是学术或商业作品，每个案例之前应有作品名称。所呈递的电子文件应为可在Mac演示的iview文件，或视频播放文件。如果呈递视频播放文件，片长不得超过5分钟。”① 然后，他们需要递交入会申请，由协会内部成立的理事会和学术委员会裁定他们是否具有参与的资格。

为了保证自主化的设计场域在社会空间持续的“在场”，团体还设定了详细的活动计划，这些计划包括：通过每两年一届的双年展的方式将“平面设计在中国”变成持续的展览品牌，使展览的权威性得到巩固，同时吸引更多的社会力量的参与；设置每年一度的“会员展”，保持会员之间的沟通；以团体的名义印制会刊，刊物记载下行动者在设计场域的自主化过程中所作出的种种努力，对尽可能地扩大场域的范围十分有利（图4–2至图4–7）。

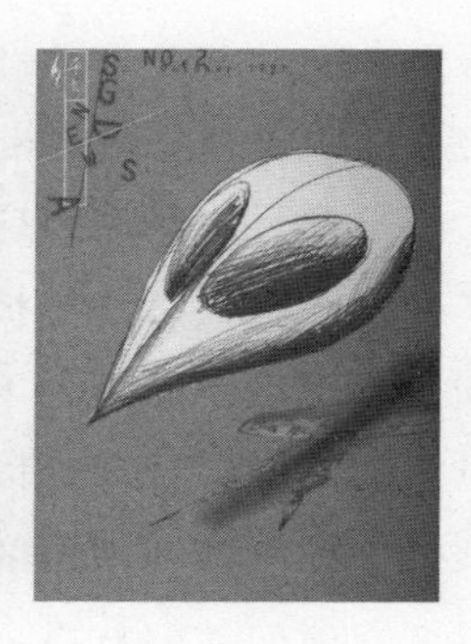

图4–2　韩家英设计的深圳平面设计协会刊物《平面》第一、二期，分别出版于1996年和1997年

① 见《深圳平面设计师协会章程》。

图 4-3 平面设计在中国 1996 展会展册

图 4-4 韩家英设计的深圳市平面设计协会标志

图 4-5　2007 年协会设计的 LOGO 手语和 SGDA 形体操

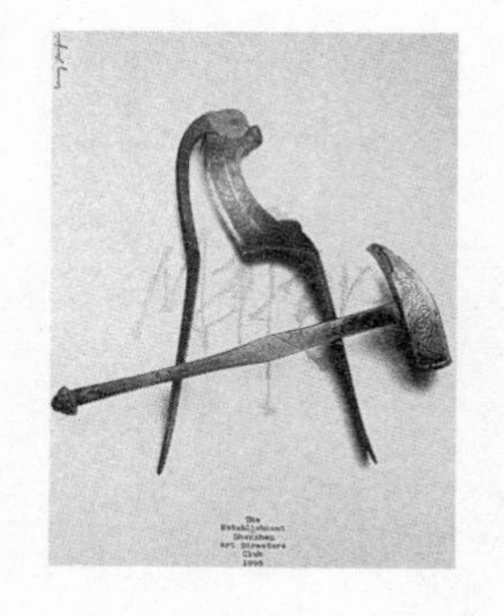

图 4-6　王粤飞设计的平面设计协会建立海报

图 4-7　陈绍华设计的深圳市平面设计协会第一届会员大会海报

从比较浅表的层次来看，章程体现出了行动者们对自身的认识，并体现出积极的“革新”意识。它试图向人们表明这一行动者团体的前沿性、精英性和开放性，它将过去几年中团体向自身颁发的荣耀放在显赫的位置，并以这些荣耀鼓励新的行动者的参与。对于参与的强调潜在地影射了团体在空间中享有的合法性，向后来者承诺他们即将享有的权益也就是承诺了他们可以在场域中获得一席之地——进一步来说，既然后来者都能够享有空间中的一部分，那么先行者所提供的这一空间就必然是合法的和自主的。同时，向后来者的邀请也在无形中为团体内的等级划分提供了条件。

更进一步来看，平面设计师协会的章程生动地体现出行动者群体的三种潜意识：即成长意识、行动意识和独立意识，反映出这一新的行动者群体正处于一种自信和不自信、成熟和不成熟之间的过渡状态。在章程中，我们可以发现很多在不经意间流露出的自相矛盾的词汇。例如，这一文本的目的应该是要召集“人不分老少”的设计师，但同时又在开篇就十分强调吸引“年轻人”的参与，这在一方面体现出这一团体的专业高度，另一方面，对于新人的需要又体现出这一团体的成长性。此外，这一文本宣称，“地不分南北，人不分老少”，欢迎“每一位”以设计为理想并为此而努力的设计师加入，这表现出一种宽广的欢迎“百花齐放”的平民意识；同时，它又强调自身是一个“精英团体”，对于个人会员的严格的入会资格和审查程序更强化了这种精英意识。文本只是一种表现，反映出了行动者建立团体的一个主要目标：即建立标准和垄断标准的目标。标准的建立体现出设计场域的独立性，而对标准的垄断则有着双重作用：第一，强化了设计场域的自主性和独立性；第二，使在群体内部设置等级成为可能。通过等级所建立起的内部结构完善了新标准所提供的秩序，使得设计团体具有了稳定而完整的体系，行动者通过团体识别自己的身份，也在团体的内部秩序中找到自身的位置。同时，内部结构的等级化也为吸引新的参与者提供了条件，使场域的自主化得以持续。

在20世纪90年代，新兴的设计力量在场域自主化的同时为自身建立起合法性。自主性是场域生成的必要的第一步。深圳的设计师通过一个展览（“平面设计在中国”展）、一个团体（深圳平面设计师协会）和一个名称（“平面设计”），在三个层次上完成了场域的自主化的过程。从具体的行为角度考察，这三种层次又通过四个维度的独立而得以实现，即身份的独立、行为的独立、群体的独立和场域的独立。

1）身份的独立

身份的独立具体又表现为三种身份的独立，即设计之于美术的独立、平面之于包装的独立和设计师之于艺术家的独立。行动者首先从职业的身份上将自身独立出来，用设计作为自己的主张，实现自我与他者的区隔。

2）群体的独立

1992年和1996年的两次“平面设计在中国”展览和1995年平面设计师协会的建立为行动者识别和认可自己的同行提供了条件，实现了一种群体的独立。依靠这一群体，行动者试图建立起一种标准，同时垄断这种标准，归根到底是实现场域的自主化。

3）行为的独立

通过这些行动，我们可以发现深圳设计场域独立于中国其他地区设计的一个重要特征。中国设计很大程度上是由设计教育的力量为主的设计，所以在中国很多地区都出现了设计的“双中心”现象，一般这些地区既有设计教育的中心，也有一个设计的职业中心。这既是中国设计发展的一个长处，同时也有很大的局限性，因为由教师主导的设计发展一般都会呈现一种倾向，或是有某种比较固定的理念或思维模式，或是试图实现对市场的垄断，也或者是有某种脱离实际的倾向，这些都是不利于设计的潜在因素。但是，在深圳却没有一个很强的设计教育机构，职业化的设计组织和设计机构同时也担任培养新人的职责，由此，深圳的设计场域便得以脱离其他地区所存在的以教育力量为基础的设计发展模式，真正做到在行为上比较独立的、以设计为主业，而不是以设计为副业的发展。讨论这两种模式的进步性或局限性已经超出了本书所要论述的范围，但是，深圳的这一设计行为模式的独立是需要作为一种认识而加以明确的。

4）场域的独立

行动者的种种努力体现出一种旨在超越原有场域的独立性：一方面他们立足于原有的场域，另一方面又做出种种努力来脱离这个场域。场域在独立的同时也暗示着一种扩张的可能，正是由于这种试图脱离场域的努力使得南方的设计场域显示出与众不同的特征。本书将在下一章详细讨论这一问题。

5 场域Ⅱ：场域的扩张

在之前的四章中，本书主要考察了设计作用于城市的几个条件，它们是：社会方面的条件，包括城市的场所环境和趣味空间；产业的条件，包括制造业的发展和产业内部的需求；历史的契机，包括政策环境、城市文化的需求，以及深圳城市和深圳设计所处的一种共同的中间状态；人的能动性，行动者通过自身的努力而实现了场域的自主化，使得深圳设计的场域得以形成。社会环境、产业的准备、历史的契机和人的能动性这些条件都是设计作用于城市，即设计场域扩大化的必要条件。本章将要提出的则是设计行为作为一种创造性的人类实践，其本身所具备的一种可扩大的倾向，这一倾向使得设计的场域在实现了自主化之后，也潜在地拥有了扩展的可能性。

关于设计，维克多·帕帕奈克（Victor Papanek）认为，进行设计是人类所共有的一种基本能力，但是，西方二百多年来设计哲学和设计师的自我想象却将设计视为一种精英化的“高级文化”。为了将非专业者拒之门外，设计师和设计教员通过制造和延续一系列的神话而神化了设计，将设计与一般大众隔离开来。然而事实却并未能如他们所愿，“极少数设计师已经开始试图创造一种新的设计联合，使工具的使用者和工具的制造者（即消费者和工人）以及社会人类学家、生态学者等人都参与到设计塑造的过程中。”最终，帕帕奈克提出，“人人都是设计师。健康的人所做的所有的事都是设计。我们必须注意到这一点并通过我们自己的工作使越来越多的人能够设计他们自己的体验、公益服务、工具和制品。贫穷的国家需要这样做从而为它们的人民找到工作，富国这样做是为了继续存在下去。”①

此外，设计行为本身是一项寻求差异化的创造性活动。作为一种寻求多样性的艺术手段，设计始终在既定的生活中寻找变化、寻求差异，以创造新的可能性。这一特征潜在地决定了设计活动是一种对于原有范围的不断超越。在等级化的趣味条件下，设计的这一特性往往会被因强调区隔而模式化了的趣味所遮蔽，而在一个扁平化趣味的城市中，设计场域扩张的潜力则有较多可能被释放出来。

5.1　超越：一种“在场”和“去场域化”的模式

深圳的行动者在努力实现场域自主化的同时，还体现出一种旨在超越原有场域的努力：一方面他们立足于原有的场域，另一方面又作出种种努力来脱离这个场域。这一貌似矛盾的表现事实上正体现了场域存在的内在逻辑，即场域必须和一个非场域的、

---

①［美］维克多·帕帕奈克．设计的神化和神话的设计//许平，周博．设计真言．南京：江苏美术出版社，2010．

异质性的环境力量相对比才能够形成场域，在同质性的社会环境下，场域是无从谈起的。深圳设计场域的扩展如下图所示：

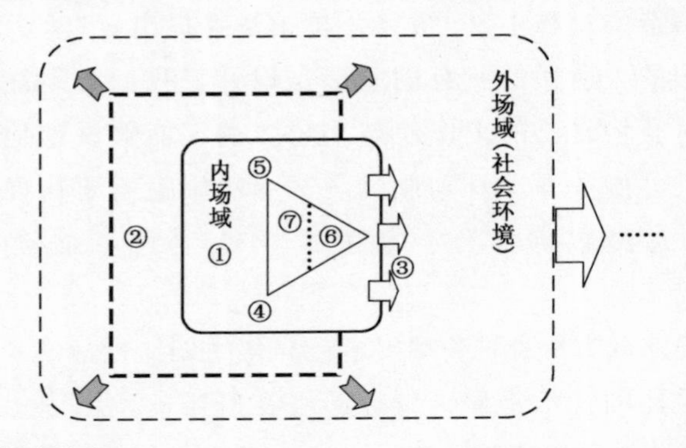

图表说明：
①设计场域　②传统美术领域权威　③团体发起的刊物、展会和活动
④赞助人　⑤参照体　⑥先行者　⑦后来者
- - - - - 区分内部等级的标准

图 5-1　深圳的设计场域

图 5-1 中标出的内场域就是行动者为之努力的设计场域，行动者在其中扮演着革新者的角色。首先，行动者通过界定设计的概念而从传统的美术事业中脱离出来，从而区分了自我及其对立面。以这一区分为基础，行动者精心策划的展览成为场域自主化过程中至关重要的一个节点。展览的作用与其说是开放地将目标一致的行动者聚合在一起，不如说是坚定地将行动者所划定的他者排斥在场域以外。赞助人和参照体成为行动者团体形成过程中的两个主要的支点，赞助人对展览提供了经济支持，参照体的存在则使场域内的行动者拥有了一把划分场域的严格的标尺。因此，展览不仅成为行动者团体内部划分先行者和后来者等级的标

尺，也演化为划分场域内外的疆界。此外，这一场域内还存在着竞争者，他们是不接受先行者领导的场域的参与者。竞争者在事实上接受了先行者手中的标尺，竞争者的出现潜在地表明了场域自主化的实现。行动者的团体通过展会、刊物和定期的活动不断地表明自身的独立立场，这使得设计的内场域表现出一种向外扩展的张力。

内场域所具备的张力以外场域的异质性为前提，这一异质性往往具象化为某个需要超越的对象，在深圳的具体案例中，设计场域需要超越的异质性的对象就是传统的美术领域。从美术领域走出的行动者们首先提出的是设计对美术的独立，这使得深圳的设计场域体现出一种扩张的状态：它既立足于传统的美术，又试图超越这一领域。

5.2 对“平面设计在中国”的一种解读

“平面设计在中国”这个名称本身具有很强的实验色彩。名称将表达区域概念的“中国”转换为“在中国”，而并不沿用一般的惯例称为“中国平面设计展”或者“中国深圳平面设计展”。从较为表面的层次上看，这一做法体现了主创者内心和现实的矛盾：它一方面试探着向国际和国内社会宣布现代平面设计已经在中国出现，另一方面又显露出主创者在预测结果方面的不自信；它一方面试图用“中国”的旗号吸引更多的国内外注意，另一方面却又深恐居于中国南部一小隅的深圳无法担负这一旗号所负载的使命。

进一步看，“平面设计在中国”十分准确地体现出了深圳设计的“在场”和“去场域化”之间的平衡。

1992年“平面设计在中国”展览的序言这样写道：

> 华夏远古之伏羲，创太极八卦，推演宇宙万物之规律，诚为无与伦比、世界最卓越之设计创意。天赋聪慧偕勤奋创造之传统，更造就历代无数英才，拓术业百科，建伟绩丰功，留今人坐享之文化遗产，实属国人之幸。当今之炎黄贵胄，地无分域内海外，人无分长少男女，皆本奋发图强之信念，致力于各业进步，期自强于世界民族之林。我设计界同仁，尤然。①
>
> （着重号为本书作者所加。）

这一文本中接连出现的“华夏”、“世界”、“传统”、“国人”、“域内海外”表明，深圳的行动者们一方面要借助西方的标准为自身争取到话语权，另一方面又努力地尝试借助中国的元素使自身在西方化的环境中寻求独立的位置，因而在具体的内容上显示出了一种选择的主动性。即，行动者在场域的自主化过程中选择了一种西方的话语和标准，同时，这一选择的最终目的却又是要确立“中国”的形象。“在中国”这一名称及其指向其实反映出了行动者们在20世纪90年代这一历史情境下所面临的两大主题：① 对场域的超越；② 行动者主动的选择。

1）对场域的超越

“平面设计在中国”是一个既有超场域的趋势，同时又是具

① 《平面设计在中国》（展册），1992年。

有强烈的场域特征的短语，在内涵上与“中国平面设计展”有着极大的区别。在通常情况下，这类活动会被命名为“中国平面设计展”，这一短语意味着，展览的重心将以中国为主，强调中国的特性，与这一短语相并列的应该是“中国建筑”、“中国艺术”、“中国历史”等等，也就是说是向观众展示一个以“中国”为中心的展览，只不过其具体的内容或门类是叫作“平面设计”。但是，“平面设计在中国”则将重心由中国移到了“平面设计”，言下之意就是将“平面设计”视为一种普世的形态，展览所要展示的是一个关于“平面设计”的独特区域，与之相并列的应该是“平面设计在美国”、“平面设计在日本”等等，而“我们”所展示的平面设计，则发生在一个叫做“中国”的地方。因此，“平面设计在中国”是一个既包含了地域性的特征，又具有一种超地域的指向的名称。对于外场域的观众而言，它是一个具有能指（中国）和所指（世界）的符号。对于内场域而言，“在中国”则是一个强烈的去场域化的信号，意味着这一场域力图脱离地域限制的一种张力。在分析者的眼中，这一命题则体现了行动者的在场和去场域化之间的辩证关系：行动者立足于他们所建立的设计的内场域，内场域因异质性的外场域的存在而产生出一种内在的凝聚力，场域的边界也因此而产生；同时，通过建立设计的场域，行动者的目的最终是要寻求一种超场域的普世的价值，这就使得场域呈现出一种突破原有界限的扩张趋势。“在中国”这一名称就是深圳设计场域的“在场”和“去场域化”的、恰到好处的力量平衡的结果。

深圳的另一个设计团体，1987 年成立的半官方性质的深圳工业设计协会（已于 2004 年改名为“深圳市设计联合会”）于

1996年和2002年分别举办了两届“华人平面设计大赛”。从内容上看，这一赛事是在深圳设计的内场域中出现的力量的竞争。我们可以注意到，深圳工业设计协会在20世纪90年代中期以后举办的两次较大型活动无论是在形式、名称还是总体精神上都受到了平面设计协会的影响。首先，在形式上，“华人平面设计大赛”也采用了1992年“平面设计在中国”展会所引入的西方设计赛会模式，从赛会的组织方式到比赛项目的分类，从报名费用到赛事流程无一例外；而名称上的借鉴更显直接[①]，不仅仅是全盘接受了“平面设计”这一概念，“华人”不仅意味着“中国”，而且更具有国际化的倾向，这一点与平面设计协会试图融入国际的目标也是相仿的。

让我们略过“华人平面设计大赛”的具体形式和内容，单从场域角度来评价这一活动的作用。从行为模式上来看，“华人平面设计大赛”是深圳设计场域化更重要的标志，因为对于场域而言，竞争者的出现并未损害场域的自主性，也没有占据先前的行动者所提供的空间，反而是对原有的场域的扩展。或者也可以说，竞争者是场域自主化以后的第一个主动的参与者。此外，“华人平面设计大赛”将“中国”这一地域名称扩展成为“华人”这一超越了地域的族群认同，将深圳设计的超场域意识表现

---

① 事实上，工业设计协会在筹办他们的平面设计赛事之初曾试图借用“平面设计在中国”这一名称，其理由是，该协会是1992年展会挂名的主办机构之一。然而平面设计协会得知此事后，立即提出交涉，甚至准备通过法律途径维护“平面设计在中国”的归属权。最终，“大家本着共同推动中国平面设计事业发展的良好愿望，很快达成一致。‘平面设计在中国’品牌归深圳市平面设计协会所有，中国工业设计协会的平面设计大赛另定新名称；平面设计协会鼓励其会员积极参与大赛。这项赛事后定名为‘华人平面设计大赛’”。

得更为明确。因此，从场域的角度观察，“华人平面设计大赛”可以被视为是继“平面设计在中国”展之后深圳设计场域扩张的进一步尝试。

2）对“选择”的选择

“平面设计在中国”还体现出了一种选择的主动性。上文已经提到，行动者为了尽快地建立起一套便于使用的评价标准和设计的规范，以实现场域的自主，因而选择了西方作为他们的参照体。对西方的模仿既为行动者自身所承认，也在评论者眼中成为一种不成熟的设计方法的表现。但是如果我们再前进一步就会发现，深圳设计的独特之处在于，行动者在选择了西方以后，其下一个目的就是要确立中国，对于中国元素的强调成为行动者们在选择了西方之后的又一个共同而主动的选择。这一目的使得深圳的平面设计较早地开始将中国元素纳入设计之中。

1992年4月29日的《深圳特区报》对“平面设计在中国”展进行了如下报道：

海峡两岸首度设计交流

深圳举行“平面设计在中国”展

一幅出自台湾设计师之手的中秋月饼广告“中国的月亮不很圆”（见图5-2，本书作者注），准确传达了“平面设计在中国”展的中心主题。

海峡两岸40年来首次携手举办的“平面设计在中国”展，昨天在深圳国际展览中心开幕。150件展品是经过三个多月的评选后入围的，“当代中国花鸟画展”、“中国的月亮不很圆”、“三女士中国特醇苦酒”

等6件作品从5 362件参赛作品中脱颖而出，荣获金奖。深圳市副市长朱悦宁出席了开幕式和同时举行的颁奖典礼。

深圳设计师在这次活动中显示了较高水准，龙兆曙参与设计的“三女士特醇苦酒”、陈绍华的“平面设计在中国”作品分获金、银奖。[1]

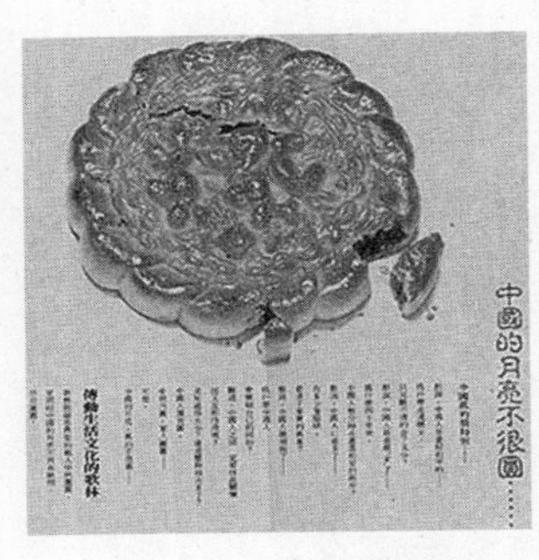

图5-2　1992年平面设计在中国展览金奖作品《中国的月亮不很圆》

篇幅不长的报道准确地表达出了“平面设计在中国”展览的“中国”内涵，“中国月亮”、“中国花鸟”、“中国女士”、“在中国”等这些中国元素在这一展览中大量出现并受到广泛的关注。此次展览中获奖的作品成为以后的很长一段时间内在现代设计中融入中国元素的典范。20世纪80年代以后，东方的一些设计发达的国家开始对以西方为中心的设计理念进行反思，这导致本土文化开始觉醒。作为结果，本土化的设计潮流首先从日本开始兴起，进而中国香港和中国台湾也开始进行本土化设计的尝试。深圳的行动者选择中国元素的更为重要的意义就在于，开始于90年代的深圳平面设计刚好赶上了这一潮流，“平面设计在中国”展览所展示的作品成为中国大陆第一批进行设计的本土化反思的设计作品，从展览的名称到展会的文本，从作品的内容到作品背后的理念，“平面设计在中国”在每一个细节之处都努

① 深圳特区报，1992年4月29日，第一版。

力地体现着中国元素的存在。行动者在选择西方的同时达到选择中国的目的。深圳设计为本土化的设计语言提供了一个范本，本土化设计很快从深圳扩散到南方，又从南方传播到北方，行动者的这一主动的选择最终使得中国设计没有错过本土化设计的这一潮流。从这一点来看，深圳设计在当代中国的设计史上是功不可没的。正因为如此，“平面设计在中国”这一名称也被当时的社会所认可，成为一种品牌而延续了下来（图5–3）。

图5–3 王粤飞为第二次“平面设计在中国”展览设计的海报

5.3 对“设计之都”的一种解读

因此，我们可以认为：**场域是一种向外的超越力和内在的凝聚力两种力量平衡的结果**。场域的扩展如图5–4所示。

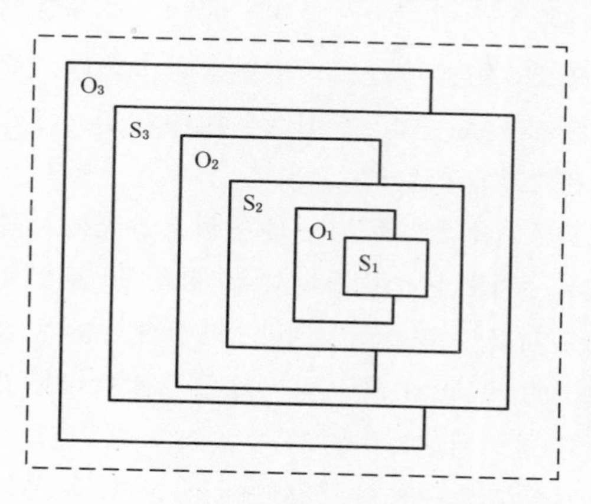

注：
S为自我的场域，即内场域；O为异质性的外场域，是内场域的超越对象

图5–4 设计场域的扩张模式

图 5-4 中的 S_1 即我们所熟悉的行动者通过种种努力而实现的自主化了的场域，O_1 则是 S_1 所要超越的一个异质性对象，在我们的具体案例中是传统的美术领域（S_1 和 O_1 的具体关系可以参见图 5-1）。当 S_1 这一内场域的凝聚力扩散到一定程度，外部空间逐渐与 S_1 趋于一致，那么 S_1 就没有了存在的必要，与同化了的外部环境结合成为 S_2，这时就又需要一个 O_2 作为 S_2 所要超越的异质性对象。这时，S_2 就成为内场域，S_2 以外的空间成为外部的异质性空间，与 S_1 和 O_1 一样具备内外场域的结构关系，并在同时指向一个更大的结构。就这样，场域不停地一轮又一轮地对他者和自身进行超越，社会的有机体由此形成。

因此，场域作用的对象是场域的外部环境。只有当场域环境，或者我们可以称之为外场域和内场域之间形成一种对峙的时候，才能够形成内场域的凝聚力，这种凝聚力通常表现为一种认同感；但是，一旦这种凝聚力扩散到一定程度，将外场域同化后，组织的凝聚力就将趋于涣散，内场域也就没有了存在的必要，因为它已经和外场域变成了一个整体。同时，外场域则会进一步地往外放大，在更大的异质环境中形成凝聚力，成为更大的环境中的一个有个性的场域，大范围的社会运动就是在这一轮又一轮的场域的扩展和突破中产生的。

从这一意义上看，“设计之都”正是复制了最先的行动者们所提供的场域的样本，“设计之都”是对 20 世纪 90 年代初设计师们所作的努力的一种潜意识的、无形的和不自觉的场域的放大，是一个去场域化的新一轮的尝试。由此，我们从场域的角度可以得出对“设计之都”的这样一种解读：

设计师所建立的场域是一种可复制的模型，“设计之都”是这一模型在城市范围内的放大。对于设计师建立的自我的场域（即图 5-4 中的 S_1）而言，深圳社会空间中存在的一些因素如传统的美术领域、行业内部的传统认识等既是设计场域的立足点，同时又是其需要超越的异质性对象（O_1）。同样，作为场域Ⅱ的一种状态的“设计之都”复制了这种既“在场”又“去场域化”的模式。在场域Ⅱ中，深圳城市成为设计的内场域（S_2），国内的诸多城市则成为这一内场域所立足和所要超越的外场域（O_2）。国内城市于 20 世纪 90 年代后期开始的对城市文化的思考是场域Ⅱ形成的主要动力。在新一轮的城市文化的角逐中，深圳城市同样引入了一种国际化的标准和规范——“设计之都”来确立自身场域相对于其他城市的独特性。

因此，对于城市这一大型的设计内场来说，政府、设计师团体、企业、媒体和公众都是城市这一场域中扩大版的行动者，而美术馆则是一个升级版的平面设计师协会，它通过展览、场馆、设计的信息以及学术的影响力，成为一个能够向外场域发散设计文化与设计信息的行动者。在城市的范围内，赞助人也从企业上升为城市的产业链，其作用是对场域内的各种机制进行整合，和政府、美术馆具备同一层次的对应关系。总而言之，美术馆、政府、企业和设计师团体等在行动者这一点上结成了同盟。

5.3.1　城市范围的设计场域

自 2005 年以后，与设计有关的文化活动数量在深圳显著增加（图 5-5）。“创意十二月”活动是 2005 年以后深圳的城市政府为推广创意和设计概念在城市范围内推行的比较大型的系列文化活动，通常开始于每年的十二月，其目的是要“将‘创意和设计’引入市民的日常生活”①。每年由十二月初到一月初，城市的主要文化机构在这一个月中集中地组织各种与创意和设计有关的活动供市民参加。深圳政府宣称，这些活动被纳入“创意十二月”系列活动中后，都能够得到政府在资金和媒体资源方面的支持。活动的组织者涉及深圳市委宣传部、文化局、文联、报业集团和广电系统等几乎所有的政府文化部门，参与者则是这些部门下属的各官方文化机构。2005 年的第一届“创意十二月”参与者主要是市属的美术馆和展览馆，包括了专业领域内的八项系列活动，如何香凝美术馆主办的“设计与都市生存”论坛、“首届城市/建筑双年展”和“一界两端：当代实验艺术中的设计呈现展”，关山月美术馆举办的“平面设计在中国 2005 展”、“法国当代平面设计展”，市民展览中心的“纪念劳特累克逝世 100 周年世界 100 幅海报展”和作为平面设计在中国一部分的“IN CHINA 展”。到了 2007 年，这一系列活动的内容已经增加至 34 项，不仅参与者的范围从美术馆和展览中心扩展到了舞台和地铁、广场等公共场所，内容也从专业范围扩展到了市民中间，增加了很多供市民参与的项目，如“市民创意大赛”、“市民喜爱的深圳十大文化品牌活动评选”、“大家设计深圳”、市民 DV 和动漫比赛等，从 2006 年开始，此类群众参与的活动约占每年“创意十二月”活动的三分

图 5-5　2007 年，少年宫外墙悬挂的艺术设计大赛招贴

① 深圳文化之窗，2005 年 11 月 23 日。

之一以上。此外，媒体对于设计展览的报道数量也显著增加。1992 年第一届“平面设计在中国”展览后来被行业内认为是学术性和专业性最强的一次展览，但在当时的深圳，对这次展览的报道仅见于 1992 年 4 月 29 日的《深圳特区报》。到了 2003 年，深圳的主要报纸，《深圳特区报》、《深圳商报》、《深圳晚报》、《南方都市报》和《晶报》，甚至香港的《大公报》都对“深圳设计 2003 展”作了报道。

以上所述的这一系列的活动中出现的行动者有设计师、城市政府、美术馆和展览馆、市民和媒体。城市政府、美术馆和展览馆、城市民众和媒体是设计场域新的行动者。

5.3.2 新的行动者

1）城市政府

政府始终是设计场域最强有力的赞助者，在场域的自主化阶段已经间接地发挥了其作用，由于 2003 年的一个特殊的机遇，政府开始直接地参与到场域之中，政府的目的是试图利用“平面设计在中国”这一展览品牌构建起一种城市文化。

如上文所述，进入 21 世纪以后，深圳开始进入对城市文化的探索，城市文化成为深圳在大城市林立的中国国内维持其前沿性的一个重要命题（详见本书第 1 章），深圳的市政府从 2003 年起编撰城市文化蓝皮书，这反映出深圳开始关注其城市的文化发展。2003 年，深圳市文化局组织了一次英国访问，目的是考察国外城市的文化产业的发展状态。英国是世界上最早提出文化产业概念的国家，深圳文化局访问伦敦的时候，英国政府对本国文化产业的状况和前景已经进行了持续五年的基础研究，并发表了多份相关的研究报告。在其2000年对于未来十年的前景报告中声称，英国政府要从教育培训、对艺术家的扶持以及向民众提倡创意生活三个方面帮助公民发展和享受创意。[1] 2003年正是该项扶持计划进入实际运行的阶段，这首先反映在英国政府对国立文化机构如美术馆活动的促进上。维多利亚和阿尔伯特博物馆（V&A）是英国的第二大国立博物馆，也是英国政府对文化产业实施上述三方面扶持计划的一个重要基地。在V&A，访问团遇见了张弘星——博物馆的一位来自中国的策展人。当时，张和他的团队恰好正在酝酿筹划一个关于中国当代设计和当代创意状况的大型展览，并正在考虑将深圳作为产生中国设计的一个重要城市列入展览目录。英国博物馆对中国创意事业，尤其是对深圳设计业的关注给政府访问团留下了极为深刻的印象。欧洲之行给苦于为深圳文化寻求出路的城市管理者们提供了一条可能的思路，英国对于深圳早期发展起来的平面设计业的关注也引起了他们的重视。2003年年末由关山月美术馆主办的“深圳设计·设计深圳”展览就与这次访问有着直接的关系。

无论是出于国际和国内的外部环境需要，还是出于完善城市内部功能的需要，这二者在进入新世纪以后都已经对城市文化提出了迫切的要求。在2000年前后，深圳的城市管理者和知识层已经共同为这一建城不到三十年的城市总结出了这个城市文化精神的基点——它被称为“活的传统，新的文化”[2]，即一种重视

---

① Culture and Creativity: The Next Ten Years. http: //www. culture. gov. uk/reference_library/publications/4634. aspx/.

② 尹昌龙. 全球化背景下的中国平面设计——中国平面设计国际学术论坛综述. 关山月美术馆通讯，2007（4）：18.

当下的、创新型的文化。那么，什么是“活的传统和新的文化”呢？在2003年这一时间点上，对于深圳城市的管理者而言，他们急需为这一文化精神寻找一种载体，设计师在场域的自主化阶段所提出的“革新”和“设计”概念本身所承载的现代性、当下性和艺术创新正符合了这一要求。这成为深圳的城市管理者对设计投以关注的起点。

创意深圳，
走向“设计之都”
SHENZHEN
CITY OF
DESIGN
深圳“申都”
成功特辑
“申都”成功
ShenZhen
UNESCO City of Design
特辑
中共龙岗区委
龙岗区人民政府
热烈祝贺深圳荣获
联合国教科文组织“设计之都”称号
深圳商报
SHENZHEN ECONOMIC DAILY
MONDAY
深圳加冕“设计之都”
亲历“申都”
侨香路上百棵大树被盗砍
惠民生基金定投
投资以小见大

图5–6　“申都”成为深圳媒体的一个重要话题

2）美术馆

关山月美术馆是深圳市主要的三家国家级美术馆之一。创办于1995年，岭南画派的主要人物关山月先生将自己813件作品及其生活、艺术和教育实践的系统资料捐赠给深圳，深圳市政府因此斥资兴建了关山月美术馆。该馆在建成后设立展览部、推广策划部和研究收藏部分管国家美术馆所应该具备的展示、研究、收藏和公众教育几大功能。其中，研究的范围问题成为新美术馆的研究收藏部门从建立之初就开始思考的主要问题。关山月先生所提供的作品和资料是新美术馆的主要特色和主要资源，对关山月本人的研究固然是新美术馆的研究重点，然而作为一家国家级的美术馆，这一研究范围显然是不够的。研究部的学术研究方向逐渐从关山月扩展到他所在的岭南画派的研究，进而在 1999 年确立了“以关山月艺术研究为核心，兼顾 20 世纪中国美术及当代美术研究”的学术定位。这一定位确立以后，新美术馆很快又遇到了新的问题。在中国的美术研究领域，关于 20 世纪中国美术的研究在新中国成立之后甚至更早就已经展开，无论是在研究资源上还是在研究力量上，新美术馆在国内的研究机构中都不占据任何的优势。在中国南方，广州的美术研究力量就远远高于深圳的美术研究。即便是在深圳本地，建立于 1976 年的深圳美术馆也已经先于新美术馆对岭南画派进行了十余年的研究。就当代美术研究而言，这一领域是最近一些年来美术研究领域的显学，新美术馆很难跻身于北京、上海、四川这些研究力量雄厚的美术馆行列。此外，与新美术馆同时在深圳建立的另一家国家级美术馆——何香凝美术馆已经将当代艺术作为其主要的研究和收藏对象。在具体的研究领域方面，新美术馆必须另辟蹊径。

因此，1999 年第九届全国美展讨论增设艺术设计展区之时，关山月美术馆馆长董小明首先提出了承办申请。而到了 2003 年，董小明作为深圳市文化局的官员也参加了政府组织的英国访问团，V&A 在设计领域的研究为新美术馆开拓其研究领域提供了一条可能的思路。作为尝试，由政府资助和组织的“深圳设计·设计深圳”展览于 2003 年年底举办。对于设计的关注在很大程度上开拓了新美术馆的研究视野。关山月美术馆的“学术方向论证会”的会议记录中这样写道：“……随着全国美术馆建设事业的不断发展，关山月美术馆原有的硬件优势已越来越减弱，逐渐边缘化。因此，在新的发展时期，关山月美术馆须在新的发展条件下重新认识自身，找准自己的定位，以适应新的城市对文化发展以及全国美术馆发展事业的整体要求。……关山月美术馆应在20世纪美术研究的课题上坚持并深入下去，……（进而）坚持对设计艺术课题的深化，在今后的操作中，应更进一步注重活动的学术内涵。出于操作可行性的考虑，应将注意力放在设计与艺术的关系方面，并以纸本设计艺术，如平面设计为主。同时在运作过程中，应注重对国内外有代表性的平面设计艺术作品的收藏和研究。"① 2003年的展览成为关山月美术馆该年度最重要的活动之一，也就是从这一年起，这家美术馆开始收藏平面设计作品，成为中国国内较早系统收藏设计作品的国家美术馆之一。（见图5-7）

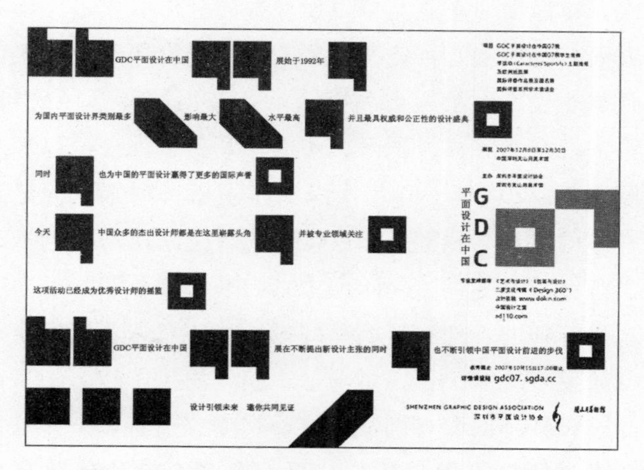

图5-7　2007年在深圳关山月美术馆举办的"平面设计在中国2007展"前言

① 关山月美术馆2006年档案。

3）城市的产业

企业也许是设计场域中最务实的一员。大型的产业团体也在2003年的“深圳设计·设计深圳”展以后参与到设计的场域之中。从现实利益角度看，产业界对设计投以关注的主要原因在于三个方面：

一是参与这种大型的设计展会有利于扩大企业在社会上的知名度。“社会美誉度”是企业考察其社会影响力的一个重要指标。为展会提供赞助的企业认为，与设计师的合作有助于提高企业美誉度。2007年，深圳设计师帮助一家名为“国际彩印”的大型印刷制品公司获得了“第十九届香港印质大奖”，这一奖项代表着行业内的最高荣誉；国际彩印的另一冠军产品“《华侨城》杂志”则是由深圳平面设计师协会主席毕学锋设计的。

其次，在深圳，企业与自由设计师的合作取代了一个希望能在创新方面有所成就的企业所需要的产品研发部门，而类似部门的建立是需要投入大量人力和资金的。就以国际彩印公司为例，与深圳第一批企业一样，国际彩印从一开始也是一家以纯加工为主的印刷企业，20世纪90年代深圳印刷市场的繁荣为这家企业带来了丰厚的利润。而进入21世纪以后，设计师、艺术家、拍卖行和出版社成为这家公司的主要客户。2003年以后，这家印刷企业与设计师的合作有了明显的增长，这意味着这家企业的生产性质开始发生转变，正在由纯加工模式的生产转为加工高端的印刷产品。设计师的参与助成了这一转变，一直以来，这家公司并未设立设计团队，但是却与全国600多家设计公司有合作关系，公司目前70%～80%的业务都来自于广告公司或设计公司。通过几年来与设计师的合作，这家企业也培育出了一批能够从事高质量印刷品操作的技师。国际彩印的开发部门并不是一个固定的常设机构，而是由设计人员和印刷车间的熟练工人组成，当碰到特殊产品的时候他们就集中起来。而产品特殊要求的提出者往往就是设计师。在企业看来，合作为企业“带来了更高的质量追求、实战的经验和更好的声誉。此外，它也为企业训练出了一批敢于迎接挑战的实验人才，现在我们的工人不再怕去克服难题，在面临困难时反而有一种兴奋感，这种素质也是很多纯加工的企业所不具备的”。[①]

第三，在与设计师建立起合作关系以后，企业便可以将一部分新产品经过设计师推广到终端客户手中，在试图建立创新机制的企业看来，设计师总是比他们的终端客户更能够接受新的材料和新的技术，而唯有设计师有能力把这些新的技术转变为实际的有创造力的产品，让终端客户接受。这一点对于印刷和纸张材料企业都是如此。设计逐渐成为企业的宣传策略。对于企业来说，设计师不仅仅是工艺创新的灵感来源，他们和他们的作品还成为推广新产品最好的媒介。

4）媒体和公众

媒体和公众处于设计场域的外围，公众是设计文化最远端的接受者，而媒体则充当了设计文化的发出者和接受者之间的桥梁。正如上文所提到的，2003 年以后深圳媒体对于设计、设计师、设计团体和设计文化的报道数量显著增加，深圳的主要报纸《深圳特区报》、《深圳商报》、《深圳晚报》、《南方都市报》和

---

① 季倩．“设计之都”让设计师与企业共同发展——平面设计相关产业企业家代表访谈．关山月美术馆通讯，2007（4）．

《晶报》都加入了广泛宣传设计文化的行列。以媒体对2003年展览的报道为例，1992深圳媒体年对于“平面设计在中国”展览报道篇幅为7厘米×6厘米，仅为该报版面的0.03%[1]，2003年关于设计的报道篇幅共计达到两万三千余平方厘米。报道从2003年的10月一直持续到2004年3月。《南方都市报》最早在2003年10月开始就为“深圳设计2003展”征集作品；进入12月以后，这几家报纸从评委介绍、十万元大奖的设立和深圳平面设计发展等各个角度为“深圳设计2003展”进行舆论上的铺垫；到了12月19日“深圳设计2003展”正式开展的一周内，深圳的五家主要媒体都详细报道了展会和获奖情况。19日当天《深圳商报》共有五个版面的内容涉及展会及其开幕式，内容包括对展会情况的报道，如“深圳设计2003展开展”、“设计深圳入围作品选登”和“深圳设计展主要获奖作品”，关于深圳设计师的专访“王粤飞：不要掉进风格陷阱”、“深圳设计师获10万大奖”，以及关于深圳设计的评论文章“深圳文化设计接近新概念”和“深圳设计师”等。自这次展览结束以后，《深圳商报》的“文化广场”栏目仍然经常以专栏形式对深圳设计进行报道。这样，关于设计的信息通过媒体传播到设计场域以外的空间，成为设计文化有力的传播者。

本章主要考察场域扩大化的机制。通过对深圳的设计场域的分析发现，“平面设计在中国”、“华人平面设计大赛”和“设计之都”之间存在一种逐步扩展的线索关系，这一关系体现出深圳设计场域存在的一种“去场域化”的超越。将本章与上一章相

---

① 1992年4月29日《深圳特区报》。

联系，我们可以发现，深圳设计通过一个展览、一个团体和一个名称，在这三个层次上完成了场域化的过程。“平面设计在中国”传达出设计场域所具有的一种既“在场”又“去场域化”的努力，因而成为一种具有能指和所指意义的符号——一种中国其他地区的设计从未释放过的符号，最终使得零散的、模糊的团体逐渐形成集中化的深圳设计——或一种“南方现象”，“南方现象”可以理解成一种设计的场域化的结果。20世纪90年代以后人们对于南方的关注主要基于两个原因：第一，南方的设计场域已经实现；第二，这一场域在整体上形成一个设计符号，被广泛地复制、传递和加强。

这里需要说明的是，设计场域的自主化和场域的扩张是两个不同阶段。设计场域的发展并不是单线的，场域的自主化并不必然地导致场域的扩张，场域扩张的过程是诸多因素结合的集中体现——这些因素包括城市的具体环境和城市的趣味，以及内外场域中各个异质性因素本身的内部逻辑。

6　场域中的设计共同体

场域的自主化和场域的扩张为共同体的形成准备了条件。首先，设计在自主化过程中发展出了一套设计行业的评价标准和评价体系，这套标准使新的设计行业拥有了独立的价值判断；其次，为场域的自主化作出努力的行动者成为设计行业的先行者，在设计共同体形成过程中，这批先行者成为居于设计共同体中心的设计文化的主要发出者。

设计共同体是设计场域扩张后的主要特征。设计共同体形成以后，设计开始以一种文化的姿态向城市空间扩展。本章将以设计共同体为主要论述对象，考察在第二阶段进入设计场域的各个要素。这些要素在进入设计场域后迅速地集结成设计的共同体，通过这个共同体，一方面设计文化得以以较快的速度传播到场域以外，另一方面外部力量的介入也改变了设计场域原有的结构和逻辑。在当下的深圳城市空间中，设计文化体现出前所未有的张力。对于设计共同体的分析使本书所研究的论题——设计文化与城市空间的共生关系问题在本章的论述中达到了关键的阶段。

6.1 设计共同体形成的前提

"共同体"是一个社会学概念，在社会学中，共同体这一概念引起了无休止的争论。在传统意义上，共同体被定义为一个由生活在同一个地方的互动的人们组成的群体。这个词经常被用来指在一个共同的地理区域中通过共同的价值观和社会内聚力组织起来的群体。①

德国社会学家滕尼斯区分了两种类型的人类联合体——礼俗社会和法理社会（Gemeinschaft 和 Gesellschaft，也被译为共同体和社会）。他认为，礼俗社会是一种更紧密的和凝聚力更强的社会实体，因为其中存在着意志的同一。在法理社会中，人们纯粹出于自己的利益而成为群体的一员。当然在现实社会中，没有一个群体是纯粹的礼俗社会或法理社会，而往往是两者的结合。

法国社会学家涂尔干则将社会团结分为两种基本的类型——机械团结和有机团结。前一种类型的团结以共同信仰和情感为基础，"社会成员平均具有的信仰和感情的总和，构成了他们自身明确的生活体系，我们可以称之为集体意识或共同意识。"②集体意识是一个文化的统一体，个体成员之间并不存在多大的差异性。在这种文化统一体中，社会团结是以成员的相似性为基础的，因而是同质性的团结，涂尔干称之为"机械团结"（Mechanical Sociality）。而在后一种类型中，社会团结是以劳动分工的功能性相互

① Wikipidia. http：//en. wikipedia. org/wiki/community.

② ［法］埃米尔·涂尔干. 社会分工论. 渠东，译. 北京：三联书店，2000：42.

依赖为基础的，成员之间在信仰和行动上的差异性而非相似性是团结的前提。在社会劳动分工的条件下，“人自身具有了与众不同的特征和活动，但他在与他人互有差异的同时，还在很大程度上依赖他人、依赖社会，因为社会是所有个人联合而成的。”[①]在谈到社会生活时，涂尔干认为，在一个以社会分工为基础构成的共同体中，人们各司其职，各安其位，从事不同职业的行为者构成了建立在契约基础上的相互依赖的异质性共同体。涂尔干称之为“有机团结”。但同时，他还认为，仅仅依靠功能主义的有机团结并不能够构成社会，社会仍然需要共同的信仰和情感，或者是集体意识来促进团结，因为人与人之间的利害关系的协调、人们遵守契约与否仍然需要取决于共同的道德基础，共同体同时又是道德的共同体。所以，现代社会的有机团结是差异性和共同性的平衡。

英国社会学家雷蒙·威廉斯将“共同体”解释为具有“直接、共同关怀”的不同形式的共同组织。[②] 在他的社会学著作《关键词：文化与社会的词汇》一书中概括了“共同体”（Community）一词在英文中的五种涵义：“（一）平民百姓，有别于那些有地位的人（14 世纪至 17 世纪）；（二）一个政府或者是有组织的社会——在后来的用法里，指的是较小型的（14 世纪起）；（三）一个地区的人民（18 世纪）；（四）拥有共同事物的特质，例如：共同利益、共同财产（16 世纪）；（五）相同身份与特点的感觉（16 世纪起）。我们可以看到第一到第三种意涵指的是实

---

① ［法］埃米尔·涂尔干．社会分工论．渠东，译．北京：三联书店，2000：183.

② ［英］雷蒙·威廉斯．关键词——文化与社会的词汇．刘建基，译．北京：三联书店，2005：81.

际的社会团体，第四及第五种意涵指的是一种具有关系的特质。”①

从以上学者对共同体的判断来看，我们可以从三个角度形成对共同体这一概念的理解：

一、从形式的角度来看，共同体分为实体的共同体和关系的共同体。实体的共同体以族群、土地或社会地位这些外在的客观条件作为组织的依据，而关系的共同体则以主观性的身份的认同或意识上的共同点为依据。

二、从共同体组成的动机或纽带来看，可以分为由共同的利益组成的共同体和共同的信仰或价值观组成的共同体。

三、从内部成员的性质来看，有同质的共同体和异质的共同体。同质性的共同体基于同一的目标或同一的生存条件而成立，异质性的共同体则以共同的功能实现为其目标。

除此之外，在本书看来，从共同体内部成员关系的角度，共同体还可以分为等级化的共同体和平级化（网络化）的共同体。对资源的分配和占有不平等和政治、经济、知识资源的不平等导致行为者之间地位的不平等，因而共同体的参与者之间形成了支配与被支配的层级关系。而在由分工形成的价值共同体中，内部成员关系是平等的合作关系，他们共同享有社会的政治、经济和知识资源，相互依赖而谋求发展，因而共同体参与者之间的关系是相对独立的、平等的网络关系。

设计的共同体是一种建立在对设计价值的共同认可基础上的

① ［英］雷蒙·威廉斯．关键词——文化与社会的词汇．刘建基，译．北京：三联书店，2005：79．

人们的集聚。对设计价值的认可和异质性是共同体形成的前提。在设计的自主化阶段，设计共同体在小范围内形成。一种小范围的设计共同体产生于设计师和客户之间。作为产业链的一个环节，设计的价值[①]在设计师的作品得到客户的承认后实现，设计师和客户之间形成了小型的共同体设计。另一种同质性共同体的团结是设计师之间形成的行业团体，就如上文所述，设计师为了寻求共同的利益而组成行业团体。以同质性为基础的共同体是以外界的他者的异质环境为重要前提的，因此他们的目标是要在异质的环境下建立其自主性，当这种自主性业已建立的情况下，原有的凝聚力就自然地下降了。

6.2　设计共同体的结构

2003 年以后深圳形成的设计共同体如图 6-1 所示。

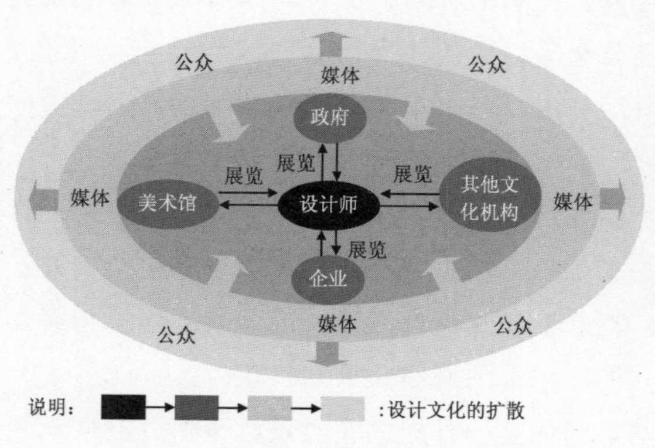

图 6-1　设计共同体的设计文化传播

---

① 设计价值是设计艺术学科经常探讨的重要命题，关于这一命题的论述可参见：黄厚石. 事实与价值——卢斯装饰批判的批判. 北京：中央美术学院，2004：120-132.

基于对设计价值的认同而形成的共同体是设计师、城市政府、美术馆和其他文化机构、企业、展览机制、媒体和公众这些异质性的团体形成的价值共同体。在这一共同体中，设计师是设计文化的发出者，政府、美术馆和其他文化机构、企业通过各种设计展会同设计师发生联系，成为设计文化第一层次的接受者，媒体和公众不直接参与政府、美术馆、文化机构等与设计师的直接关系之中，是设计文化间接的接受者。设计共同体中的每一个团体都是有着自身发展逻辑的、相对独立的个体，他们在自身的逻辑支配下偶然地形成步履一致的联盟，在场域中占据了相对固定的位置。虽然设计师所提供的设计文化是这一共同体的中心，但是政府在设计共同体这一场域中占据主导地位。政府对于美术馆和城市的其他文化机制产生政策上的影响力，同时也是2003年以后设计展览的主要策划者。通过对展览的赞助，设计师及其团体也受到政府力的影响。以美术馆为主的城市文化机构通过举办各种展览、收藏设计作品为开拓自身的研究领域创造条件。企业则将设计视为提高其社会美誉度的手段，依靠设计制造良好的品牌形象，从而获得经济效益。媒体视设计为城市的重要文化事件，将设计展会的信息连同设计文化一起传播给公众。

6.3　偶像和仪式：设计文化的传播

从根本上说，设计是一种利用现有资源进行有目的的创新的手段，作为一种创作的工具，设计本身并不带有文化属性或价值观上的倾向。但是，在深圳设计场域的形成过程中，设计被不断地赋予一种革新精神的价值。在设计共同体形成以后，设计已经从一个具有具体功能的工具演变成了被赋予抽象价值的象征，因而设计与城市之间的关系也发生了变化。

上文已经说到，深圳社会在2000年前后开始关注其城市文化问题，更进一步说，是城市范围的文化认同和归属感问题，并已经将深圳的城市文化总结为一种重视当下的、创新型的“活传统和新文化”。此后深圳的城市管理者和知识阶层不断地在为这一概念寻找一种适合的载体，而设计所承载的现代性、当下性和艺术创新正符合了这一要求。所以，在设计共同体的形成过程中，设计被赋予一种价值，成为象征着城市及其行动者的革新精神的一种符号，设计原有的工具性在被赋予新价值的过程中被淡化。但是，概念的传播需要一种具象的符号，与传统意义上的象征物不同，设计这一象征载体不是一种符号化了的有着具体形态的物，设计也必须有物化的表现才能够被传播，如具体的作品或是象征意义上的英雄。在设计共同体中，将各主要元素联系在一起的是对设计价值的共同认可，进一步说，是对设计的不同方面的价值的认可。这些方面的价值仅在每一个特定元素和设计师之间的作用交换中才产生，如美术馆和设计师之间、政府与设计师之间、企业与设计师之间等等，设计共同体在将设计所具备的对于不同个体而言的价值抽象成为共同的象征符号方面起到了作用。

偶像的出现是设计共同体将设计的价值向城市扩散的一个征兆。偶像体现了设计的共同体并不是均质的，而是由专业的和非专业人群所组成的共同体。在专业领域，偶像只是一个行业内的杰出的先行者，专业团体的作用只是通过反复的竞争不断提高杰出者本身的质量，只有在需要将设计的影响力扩大到专业团体之外的时候，偶像才成为一种承载了价值的符号，具备特殊的意义。因此，偶像是针对那些在场的第二阶段进入设计共同体的团体而言的，只有对于设计共同体的外部参与者以及更多的观众来说，英雄才成为一种强大的、承载着价值观的象征物。2003 年以后，围绕设计这一主题的展会、竞赛和各种活动的数量在深圳城市的显著增加说明了共同体对于英雄的需求。围绕设计进行各种竞赛或颁奖是一个不断对设计进行符号化的过程，同时也是一个不断地制造和强化英雄的过程。在这一过程中，专业领域过去的先行者和现在的杰出者成为设计的物化形态，从设计文化的发出者（一种文化资本的持有者）转变为一种代表着城市新文化的发展方向的特殊符号，通过设计共同体主要元素和外围元素——媒体（见图表 6-1）传播到民众中。

制造英雄的意图使得在深圳举办的设计活动具有强烈的仪式色彩，而包括“平面设计在中国”展览在内的每一次设计活动都为设计共同体提供了塑造英雄的机会。以上文提到的“创意十二月”为例，每年的“创意十二月”开幕仪式是隆重、华丽并且经过精心计划的，组织者有意识地要将这一活动策划成这个城市设计师的节日。在目前国内许多专业奖项不设颁奖仪式的情况下，“平面设计在中国”展不但模仿电影娱乐界华丽的颁奖仪式，这一仪式还被特意地安排在与城市的“创意十二月”的开幕仪式同时同地进行。这样，“创意十二月”的开幕仪式上就出现了政府官员、作为评委的知名设计师、获奖者和城市民众济济一堂的景象。城市少年宫的专业演唱和舞蹈团被邀请来表演这一年度征集获得的“创意十二月”主题歌“我的创意我的梦想”；会场设有儿童专席，小学生在教师的带领下着装整齐；仪式从一开始就是开放式的，由于是周末，到莲花山旅游度假的民众可以自由地进入莲花山脚下的仪式会场；会场四周特意没有设坐椅，仪式进行的时候，台下四周站立着的观众一直延伸到场外；会场则是关山月美术馆提供的一个可容纳一千人左右的圆形展厅，四周悬挂着这一年度“平面设计在中国”展览的获奖作品。政府官员承担了鸣放礼花和致欢迎辞的角色，在致辞中，他们反复地强调设计将为这个城市带来的光明前景。国内和国际的设计界学者也被邀请来参加这一仪式，他们对深圳城市和设计业的发展速度表示惊叹。设计师的出场更是伴随着鲜花、音乐和掌声，因为他们是这一仪式所要供奉的真正主角，在这个仪式中，他们被塑造成了这个城市的“创意和梦想”的化身。

除了精心准备的活动和仪式以外，政府的文化部门还经常性地在城市范围组织民众参与与设计有关的表决过程，以扩展设计概念。城市最早的一次有关设计的市民投票活动是在“深圳设计2003展”后。2003年展览结束后的2004年春节期间，政府授意关山月美术馆组织了“我最喜爱的设计作品”评选活动，让市民在2003展所有参赛作品之中进行投票。活动地点就设在一个市民重要的节假日旅游点——莲花山脚下，在投票活动持续的半个月中主办方共收到选票1 838张，评选出十幅获得“观众最喜爱的设计作品奖”作品。由观众评出的奖项最终公布于2004年2月23日的深圳各大媒体，此次活动是在2003年12月举行的“2003深圳设计展”基础上的扩大。类似的活动对设计文化的传播十分有利。从2005年开始，类似的市民参与投票活动层出不穷，2006年深圳文化局面向全市征集“创意十二月”标志与视觉识别系统和主题词，2007年向全社会征集“创意十二月”主题歌，2008 年年底申请“设计之都”前后深圳规划局的官方网站又推出三套城市公共标识的方案向市民征集意见。以 2006 年的主题词征集活动为例，从 2006 年 11 月 15 日到 25 日的十天里，共有 351 人参加了投稿。

通过遍布全市的文化机构，设计共同体试图营建一种推崇设计的氛围以将作为一种符号的设计推广到民众中间，共同体试图建立一套长期的展会机制，以确保设计的新信息源源不断地刺激市民的感官和神经。在这种氛围和每年不计其数的设计活动推动下，设计共同体的英雄得以产生。原本处于行业内部的商业设计师被塑造成为城市的文化明星，设计师过去的个人奋斗成为可供流传的英雄故事或传记，设计师的日常起居成为城市理想生活的样板。

在报纸的娱乐和文化版面，设计明星受到与影视明星一样的推崇，他们被视为时尚生活的缔造者，记者们同样对他们的生活起居、衣食住行津津乐道。在媒体的叙述中，设计师和明星都代表着时尚的新生活，而设计师无疑就是创造出这种新生活的人。

> “叩开数控玻璃窄门，窗明几净。电脑、转椅、疏竹，一个看似简约而现代的工作室。沿墙边拉索扶梯拾阶而上，却另有一番天地。暗沉的地板、麻毡，明式的桌几、靠椅、榻，阳光透过竹帘，光影浮动。檐下四壁伸出的原木架上，摆放着各色带异域文化气息的工艺品，木雕、铜器、套娃、桐油扇、屏风、台球，大红灯笼与圆玻璃吊灯安然共处，一派静好。”
>
> “××的工作室是明式家具和装饰材料，现代化的

电脑、音响、茶几，再加上多年国内、国外东奔西走带回来的一些传统工艺品，陈设于石板、地砖的原木架上，阳光透过巨大玻璃窗上的竹帘折射光影，室内明净、安详，身处其间，犹如古典民居，但与现代化的家庭摆设不分上下，虽无香格里拉五星级酒店奢华材料工艺那么精致，但其意旨不谋而合，那便是非常‘中国化’。”①

2008 年 3 月南方报业设立“华人艺术成就”大奖，在这一活动中，所谓的“中国艺术家”已经将传统的书画艺术家排除在外，取而代之的是设计师（见图 6-2）。

文化广场

创意

CREATIVE

深圳商报 C3

设计师可改变并提升一座城市

对话深圳市平面设计协会秘书长孔森

图 6-2　2007 年以后的深圳，设计师成为城市的明星、媒体的宠儿

① 刘瑜．设计师可改变并提升一座城市．(2008-04-03)．http：//szsb．sznews．com/html/2008-04/03/content_117839．htm．

3月22日晚，首届南方报业“纵横天下·华人艺术成就大奖”颁奖典礼在广州香格里拉酒店盛大举行，现场星光熠熠，中国著名艺术家、名流云集于此。大奖评委团首席顾问——奥斯卡金像奖最佳艺术指导叶锦添、斯诺克世界冠军奥沙利文等世界级名人亲临现场，为获奖的十位设计师明星和明星设计师颁发大奖。本次评选的“明星设计师组（主要身份是明星，同时也是设计师）”的获奖者包括任达华、马艳丽。“设计师明星组（主要身份是设计师，同时有着很高的社会知名度）”的获奖者涵盖了平面设计、空间设计和产品设计三大领域，他们是蜚声海内外的华人设计大师陈幼坚、陈绍华、吕敬人、马岩松、林学明、姚映佳、叶智荣和陈文龙。同时，钟丽缇、刘德华、梁咏琪、古天乐等明星也获得最佳风尚奖、最具人气奖等奖项。①

这并不是公众媒体第一次让“设计师”与“明星”同时出场。2007年3月，深圳广电集团组织了一次捐助特困家庭的爱心拍卖活动，通过深圳电台FM97.1节目，影视明星周迅、范冰冰、吴奇隆、崔永元等被邀请到现场拍卖他们的个人物品。在这一活动中，深圳设计师韩湛宁设计的深圳申办“2011年世界大学生运动会”的一幅标志设计手稿、一幅经设计师签名的标志设计正稿和一支“韩湛宁设计时使用过的万宝龙名笔”，以及一枚“韩湛宁参加2011大运会申办活动时佩戴的大运会徽章”四件物

---

① 见《南方周末》，2007年3月. http://www.infzm.com/content/10198.

品共拍得全场最高价 7.5 万元。而经过设计师陈绍华签名的猪年邮票系列则拍得 1.8 万元。

在这里，对设计作品的拍卖与对设计明星的颁奖具有同样的仪式色彩。设计师这一名词为娱乐明星披上了文化的外衣，而“明星”则为原本在行业内部的设计师安上了英雄的光环。对于深圳城市来说，设计师被偶像化以后的意义将远远大于那些被授予了设计师名义的明星们，因为对于城市而言，英雄是一种价值观的载体，代表了一种值得提倡的潮流，代表着城市文化的新方向。

对于城市和对于设计文化自身而言，设计的符号化都是有意义的。一方面，通过设计共同体，象征着文化革新的价值观因为增加了符号化了的设计这一载体而得以加强。另一方面，设计在被抽象成为符号以后，便与原有的工具性特征相分离，也就是与设计原有的功能性相分离，抽象的设计文化和符号不再受到具体功能的优劣或高低的影响而发生变化，因而就具备了持久性。也就是说，由于被赋予了价值，设计在工具的功能之外又被赋予了情感的象征意义，因而设计文化在这一城市空间中也成为持久的存在。

值得一提的是，在 2003 年以后的设计共同体中，设计价值的创造者不再是设计师本身，而是传播着设计价值的设计共同体，共同体通过生产各种代表着设计价值的符号，来生产代表着一种新文化的设计的价值。所以，设计的功能在 2003 年以后的设计共同体中产生了变化：设计不再是一种实用的艺术，也不再是创造功能化的产品的途径，而是成为有效地引导和掌控这个城市向一个目标去发展的手段，设计的共同体需要一个善于制造外在形象的手段，来提升城市的氛围。地方政府因为在共同体中占据的绝对力量优势而左右着这一变化的发生，平面设计则成为设计的这一新功能的主要载体，因为平面设计是一种对于形象的设计，在将设计符号化及其传播方面具有不可替代的作用。因而，平面设计成为设计共同体中最为外显的因素，平面设计师、平面设计作品、平面设计的赛事和活动成为设计价值的主要载体。

6.4 设计共同体的规模

同质性的职业共同体扩大到异质性的设计共同体这一过程表明，共同体是一个开放的空间。一方面，外部的力量进入设计共同体意味着设计的开放性，尽管设计场域在自主化的过程中建立起的是一套专业化的标准，但在共同体阶段却允许着各种力量的进入和参与，这就使得设计共同体在规模上的扩大成为可能。随着以设计明星为代表的设计符号的进一步强化，设计共同体的开放性也将同时扩大，就有越来越多的群体参与到设计共同体中，设计共同体的规模将随之扩展。同时，设计共同体的参与者代表着社会的不同群体，这些外部力量也是有着自身的运行逻辑和偏好的，设计文化所具有的开放性，这些逻辑和偏好也将在一定程度上改变原有的职业共同体的标准和重心。因而，在设计共同体的扩大过程中，原有的标准也不断地在变化，直到原有的标准被完全转移和消散，即马克斯·舍勒所说的在“延展性”和“可分性”方面被参与得越多的价值，其本身的高度就会降低[1]。

因而，在设计共同体的开放性和规模的扩展上就形成了这样一个悖论：因为设计文化是开放的，所以设计共同体的规模可以不断扩大，这是设计共同体本身的目的，它希望以开放的姿态吸收更多的力量的参与。但是在扩大过程中，设计场域在自主化过程中建立起来以区分自我和他者的标准却面临着最终被消解的危机——共同体的扩大违背了场域自主化的初衷，消解了原有的中心和标准。因而，设计共同体的规模是可变的，决定于规模的扩大和设计的价值标准这二者之间的平衡，当规模扩大和价值标准的紧张关系达到临界点的时候，那就是设计共同体的规模所能达到的界限。也就是说，片面地扩大共同体的而不关注其内核——设计本身的价值标准，那么设计的价值将逐渐消解，直到设计的场域消失，设计共同体仅仅成为城市的文化事件之一。而如果设计共同体的规模过于狭小，则说明评价设计的标准过于封闭，只能是设计师相互的自娱自乐。所以，共同体应该是一个有反思的共同体，设计共同体扩展规模的过程同时应该是一个反思设计的价值体系的过程，每一个成员对于设计价值的自主的反思是共同体扩展规模的前提。

同时，从职业共同体到设计共同体不仅仅是一个规模和数量上的变化，也是共同体内部的一种质变，如果说职业共同体仅仅是一种组织的机制，那么设计共同体则是一种更高层面的价值机制，标志着设计的内场域向外场域扩展的实现。因此，在这一阶段的共同体中，还隐含着一个由民间向顶层发展的纵向的共同体

---

① 黄厚石. 事实与价值——卢斯装饰批判的批判. 北京：中央美术学院，2004.

结构（图 6-3）。

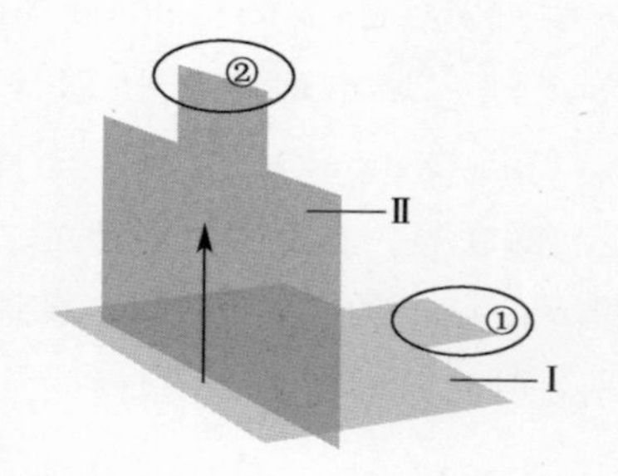

图 6-3 共同体的纵向结构

图 6-3 中的Ⅰ为民间形成的职业共同体，我们可以将其视为一种组织机制，如前文所述，在“去场域化”和超场域的过程中，设计的组织通过设计展览、设计组织的刊物和各种设计活动向外场域扩散，这在图表中以Ⅰ的凸出部分示意，可以视为设计文化扩散的有形的力量，即一种硬实力。Ⅱ为一种超区域化的价值机制，这一机制从城市的民间组织中生发，向上进入城市的管理层面，使设计在更高的层面发挥作用。在价值的机制中，同样也有一个凸出的部分，设计的影响力作为一种软实力，是设计文化不断扩散的无形力量，但却将在更高的层面和更大的范围上使一种设计文化的超共同体的形成成为可能。

6.5 “设计之城”：一种超共同体的价值

建立于 1945 年的联合国教科文组织（UNESCO）是联合国设立的一个负责在世界范围内推进教育、自然科学、社会和人文科学、文化和交流等文化公益事业的代理中心。教科文组织下属的“文化多样性全球联盟”（the Global Alliance for Cultural Diversity）[①]于2004年发展出了一套“创意城市联盟”计划（the UNESCO Global Alliance's Creative Cities Network），这是一个旨在推进城市文化交流和创意产业发展的联盟，其目的是要塑造“一个在各种创意领域进行了很大投入的城市的联合体”。“设计之城”（Cities of Design）就是各种类别的创意城市中的一种。[②] 这一计划的描述文件这样写道：

> “创意城市联盟”在为文化的多样性服务的“全球联盟”框架下运行。“创意城市联盟”的目的是为了在世界范围内连接文化工业的创意、社会和经济潜力。……它将帮助这一联盟内的城市发展出他们自己的“创造性的共同体”（“Creative Community”）。这一点对于发展中国家尤为重要。这一联盟将有助于帮

---

① “文化多样性全球联盟”是联合国教科文组织的一部分，其使命是，通过在公众和私人领域间建立合作关系而进入国家和国际市场。它的一项重要的工作内容是“关注版权问题以确保艺术家和创意人群能够有效地从事他们的工作”。同时，它也支持和促进包括印刷、出版和多媒体、视听设备、影音产品以及手工艺和设计在内的文化工业。

② “创意城市联盟”计划于2005年1月开始实施。以“创意”为主题，“联盟”设定了各种门类的“创意城市”，如“文学之城”（the City of Literature）、“民间艺术之城”（Cities of Folk Art）；、“音乐之城”（the Cities of Music）；哥伦比亚的波帕扬则是“美食之城”（City of Gastronomy）。“设计之城”（the Cities of Design）的称号就是申请加入“联盟”的门类之一。从2005年8月阿根廷的布宜诺斯艾利斯被“联盟”认定为第一个“设计之城”开始，至今已加入“设计之城”行列的一共有七个城市，它们分别是阿根廷的布宜诺斯艾利斯，德国的柏林，加拿大的蒙特利尔，日本的名古屋、神户以及中国的深圳、上海。

> 助他们进入国际市场。
>
> …………
>
> 这一项目的目的是为了提高一个城市的经济、社会和文化的多样性。作为结果，将会呈现出更好的生活质量、一种共同体的意识和共同的身份认同（a better quality of life, a sense of community and a shared identity）。……产业在对创意领域的投资中应该受到关注并对城市有利。这一领域对于城市的发展来说是一个强有力的社会和经济资源。新的职业将会产生，各种商品和服务将会被提供。之后，这将会刺激当地和世界的市场。然而，城市的规划者和当地普通民众往往意识不到创意投资将对构建一个共同体产生这样积极的作用。[①]
>
> （着重号为本书作者所加。）

联合国的这一文件认为，“一种共同体的意识和共同的身份认同”是创意城市计划可能达到的最终结果，而这样一个共同体又是“城市规划者和当地普通民众”所意识不到的，那么，如何理解这一作为意识和作为身份认同的存在的共同体呢？在本书看来，这种基于意识和基于身份认同的共同体已经超越了上文描述的那种以实体组成的、具有具体的功能的共同体形式，是一种更为广泛、更为松散但更有影响力的接受和认可设计的氛围。以

① The UNESCO Global Alliance Creative Cities Network——The UNESCO Cities of Design. 联合国教科文组织网站，http：//portal. unesco. org/culture/en/ev. php-URL_ID = 35257&URL_DO = DO_TOPIC&URL_SECTION = 201. html.

“氛围”的形式存在的这种共同体是一种虚幻但却真实的存在，它处于现实的行为之上和社会的价值观层面之下，体现为一种集体形式的情感、趣味或认同。社会学家对这种“氛围”也有过多种的描述，如西美尔将时尚描述成为一个“虚无缥缈的社会构成”——人们不必决定它存在还是不存在，它既存在又不存在，或者如里奥塔所说，这是一种“共同体的云雾”：“这一过程隐含的这样一种共感，如果共感有的话，并没有可值得争辩之处，相反，它具有相当的隐蔽性，也是很难捉摸的，具有一种特殊的存在方式，……在是否存在的问题上总是不确定，这种共感肯定只是一个模糊的虚无缥缈的共同体。”①

本书拟将这一形式的共同体称为“超共同体”。超共同体是一种非物质的存在，它既不是结构性的，也不是基于文化的主观性的判断和选择，而是由城市、城市中的各种实体、城市趣味、设计师和城市民众共同形成的一种广泛地谈论、关注和认可设计的氛围。

超共同体的超越性主要表现在：一、对组织形态的超越，它虽然以实体的设计共同体为基础，但同时也超出了一般的组织框架，形成一种松散的意识甚至是不明确的印象，使设计成为一种“常识”，成为一种日常生活的判断标准；二、对功能的超越，它超越了设计所提供的功能化的日常生活，而提供了一种以审美的态度对待设计的意识环境，这一环境使有意识地体验和消费设计产品成为可能；三、对特定物的超越，它超越了对于特定设计

① ［芬］尤卡·格罗瑙. 趣味社会学. 向建华，译. 南京：南京大学出版社，2002：108-109.

产品和特定的设计师的具体评价，将对象扩展到所有有形的设计形态和无形的设计文化；四、对个体的超越，它也不是局限于某个个人或团体对于设计的认识，而是一种潜在的共同认识和价值判断。

设计本身的特质决定了超共同体以城市为范围存在。首先，与音乐或绘画等以审美经验为目的的艺术不同，设计是一门日常生活的艺术，日常生活的艺术需要参与者通过在日常生活中与设计的频繁接触而获得审美经验。此外，日常生活的艺术也意味着它的参加者不仅仅是观众，而且是身体力行的参与者，参与者通过建立在一定的密度和深度基础上的与设计文化的发出者之间的互动使超共同体得以形成。也就是说，只有在频繁的、直接交往产生的日常生活的艺术中，才能发展出这种参与者与设计文化的发出者具有同样的效能的超共同体。其次，设计是有形的和物质的视觉艺术，因而设计文化的传播也是有形的和以物质为载体的传播，物质的传播受到空间的限制，因而超共同体的存在也受到空间的限制。城市作为各种资源的集聚场所，也作为各种力量的交换场所，在参与者之间的直接交往和物质的传播这两方面具有先天的优势，为作为一种氛围的超共同体的存在准备了条件，因而城市成为超共同体起作用的主要范围。

对于设计的这一认识可以用来解释本书第1章所提到的“设计岛”现象。让我们再来回顾一下这一描述：

> 全球范围内有几个特别引人注意的城市：伦敦、东京、香港、台北、米兰，甚至新兴的亚洲设计之城新加坡、首尔……它们都以时尚、新潮和设计师特别活跃而著名，另外还有一个共同的特点：地域集中，凭海临

风，所在地域都与海岛有某些关联——给它们起个共同的名字，可以称为“设计岛”。①

事实上，将设计发达的原因归于“岛”也许并不准确，但是，设计所具备的这种超共同体特质却是不可否认的，正是由于这种特质的存在，才使得某些城市能够迅速地凝聚创意群体，也就凝聚起了人才、物资和产业，使得城市因设计而焕发魅力。

超共同体产生出一种氛围的空间，在这一氛围中，城市成为各种设计信息、设计资源、设计力量交汇的场所，设计市场在城市中形成，设计消费也在这一空间中被普及，人们对于设计的认识、理解和使用进入了一个新的层面。在城市中，设计机构、设计团体、设计展会是超共同体形成的起点，由事件和活动为平台的设计共同体实体感受到了设计的存在，并将设计所具有的价值和魅力通过形象化的手段向城市环境中发散，超共同体得以在更为广泛的城市空间中形成。“设计之城”则给予了城市一种名誉，促使城市的管理者将设计与城市的决策联系在一起，使设计发展与城市决策形成一体。因而这种超共同体存在的城市一般都具有以下的特质：

要成为“设计之城”的成员必须具备特殊的品质，才干、宽容度、多样化和科技在成功的设计之城中是必不可少的。目前被任命为设计之城的城市有布宜诺斯艾利斯、柏林和蒙特利尔。所有的这三座城市都拥有传统的设计背景和强有力的当代艺术面貌。（这一背景）既

---

① 许平.“设计岛”与“明星制”——创意产业时代的品牌运行机制//许平.青山见我.重庆：重庆大学出版社，2009：92.

> 对当地设计起到重要作用，同时也已经融入了国际市场。“设计之城”需要特殊的品质，如它们必须已经建立起一套设计工业，或拥有现代建筑；它们必须提供与当地特殊的空间相适合的独一无二的当地设计，比如地铁站。此外，相关的设计学校也是一个重要的方面，需要有当地或本国知名的创造人才和设计师，当地的资源使他们的创造活动成为可能。这些城市应该组织活动、竞赛和各种设计展会。相应地，还应当包括一个能够提供设计收藏服务的市场。城市的结构必须以与设计相关的规划为基础。除此之外，创意应当是整个设计领域的核心。①

相关的产业、有特色的当地设计、设计学校、知名的设计师、设计竞赛和设计展会、提供设计收藏服务的市场这些要素是超共同体存在的城市的外在表征，其核心是在城市范围内广泛存在的对于设计价值的共同认可。这一氛围对于设计文化的生成是具有重大意义的。

如果说1992年和1996年的“平面设计在中国”展览代表的是部分的、零散的艺术家团体寻求场域的自主和自身合法性的诉求，那么，进入2003年以后的“平面设计在中国”展则吸引了城市空间范围内更多社会群体的参与。展览本身成为了连接社会各种资源的平台，这一平台的支撑者不再仅仅是设计师或设计师团体，而是在其后进入设计场域的各种新的以个人或团体面貌出

---

① The UNESCO Global Alliance Creative Cities Network — The UNESCO Cities of Design. 联合国教科文组织网站。

现的行动者。这样，围绕设计文化这一中心出现的设计共同体成为场域第二阶段的主要特征。

设计共同体原指设计方和设计的接受者之间对产品价值认可而形成的共同体，在城市这一大规模的集合体中，设计共同体发展成为政府、设计师和城市的民众默认的城市契约关系。设计共同体主要由两方面的力量组成：设计师是主动的能够发出文化的力量；设计的接收方，包括城市政府、美术馆和其他文化机构、企业、媒体和城市民众。设计师、政府、企业和文化机构是设计共同体的核心成员，他们视设计为新的城市文化的载体，通过制造设计文化的符号而向城市散布设计的信息。作为结果，一种超越了实际利益和实际载体的超共同体形式得以出现，相对于实际的共同体，它是一种无形的、松散的但却广泛存在的认同设计价值的氛围。对设计的认可和信仰构成了超共同体的基调，在这一氛围中，设计信息、设计活动、设计市场和设计消费得以展开并得到响应。设计的特质决定了设计共同体以城市为范围形成，联合国的“设计之城”赋予了城市以一种名誉，使城市的决策与设计的发展形成一体。超共同体的形成是设计文化生成的重要条件。

7 设计共同体的一些特征

7.1 设计文化的共同体

可以看到，在本书的解剖对象深圳设计这一具体案例中，存在一种文化意义的共同体，这一共同体分为两个层面：以实体形式存在的设计共同体和以虚体的氛围形式存在的“超共同体”。实体形式的设计共同体是以对设计价值的接受为基础的**利益共同体**，以参与者的异质性为前提，在某种程度上类似于涂尔干所说的“有机团结”。设计共同体的有机性主要表现在以下几个方面：第一，有可见的参与要素和成员（在深圳这一案例中它们分别是设计师、城市政府、美术馆等城市文化机构、企业、媒体），在一般情况下，这些异质的元素在自身所属的领域内按照各自不同的逻辑运动，在某个特定的时间点和特殊的条件下，它们出于自身的利益的需要而参与了设计的场域，形成了异质性的设计共同体。第二，有维持这一共同体的固定场所和常设性的机构。城市是共同体活动的范围，以“平面设计在中国”展览为代表的诸多持续性的展会机构是共同体的外在形式。通过展会这一固定的形式，共同体将有关设计的讯息和对设计的价值认同散布到社会空间。第三，有明确的内部结构。设计师处于设计共同体的中心位置，是设计文化的发出者，城市政府、美术馆和其他文化机构、企业和媒体既是设计文化的接受者，又是设计价值的传播者。在深圳这一案例中，政府在共同体中占有主导地位，对场域内的各元素都有直接或间接的影响，因而是设计共同体中最有效的一种力量。展会构成了共同体成员之间相互交流的纽带，设计文化通过这些纽带和元素向四周扩散。第四，明晰的发展阶段也是共同体有机性的表现之一，异质性设计共同体以同质性的职业团体的形成为基础，而职业团体的形成又是以其与外部环境的异质性为前提。设计场域生成的第一阶段是场域的自主化，职业团体的形成是设计场域自主化（场的第一阶段）的结果，设计共同体则是设计场域第二阶段的主要特征。这里需要说明的是，设计场域的自主化或设计职业团体的形成是设计共同体形成的前提，但这并不表示设计共同体是设计职业团体发展的必然结果，这一过程存在着偶然性的因素。这些偶然性的因素包括来自城市内部的产业、城市的趣味结构和城市文化的诉求等，也包括来自城市外部的影响，比如政策或邻近城市的交往等。

有关设计文化的信息通过实体的设计共同体而发散到社会空间，形成超越了实体意义的超共同体。虚体形式的超共同体是以对设计价值的认可为基础的认识共同体。认识的共同体以特定人群的集体趣味为最基本的前提，以舆论、共同的爱好、情感、认同感和消费的倾向为表现形式，是一种形成于意识层面的共同体。认识的共同体具有超越实体的特征，它既没有清晰的结构，没有中心和边缘，没有支配关系，也没有明确的形式，只是一种无形、松散但却广泛存在的认同的感觉，它甚至没有显见的参与者，任何一个个人或集体都有可能成为超共同体潜在的成员或支持者。对设计的认识和信仰构成了对设计文化的认同空间，这就使得一种对于设计的潜在需求和潜在选择成为可能，设计的市场和设计的消费将在这一空间中得以形成。

英国社会学家拉什（Scott Lash）认为，现代社会的文化共同体具有三种形式：第一，美学的共同体，如布迪厄所研究的用以区分阶层的趣味共同体；第二，偶发的和短暂的共同体，它依靠像体育赛事中的观众一样的集体欣喜而统一起来；第三，是"基于共同背景意义"的共同体，"文化共同体，文化意义上的'我们'是在实现意义过程中具有共同背景惯例、共同意义和共同常规活动的集体"。[①] 我们可以将这三种形式看作本书所研究的文化共同体的三个特征，即扁平化的趣味共同体，被激发的对设计的集体欣喜而反复出现的偶发的共同体和由惯例、意义和活动（包括参与设计、欣赏设计、消费设计的活动）形成的背景的共同体。文化共同体对于设计具有社会学的意义。从微观的设计过程来看，任何一种设计都不仅仅是设计者的个人活动，而是由设计的"后作者"[②] 作出选择的过程，设计师的方案只有在被选择以后，设计才能够成为设计。文化的共同体使在一定范围内的"后作者"的塑造成为可能。从宏观的社会角度来看，设计也不仅仅是一个物质的"制作—产出"过程，通过文化共同体，

---

① Scott Lash. Economies of Signs and Space. London: Sage Publications, 1994: 144-147.

② "后作者"的概念来自笔者对朱青生教授的一次访谈，2009 年 4 月 15 日于北京大学燕南园。

设计文化成为城市人群的共同的背景和惯例，“设计”在这一城市中成为一个有意义的指向。

7.2 文化共同体的意义

对于本书在导论中提出的问题——产业内部的设计师是如何将他们的影响力扩大到城市范围的，设计这种局部力量是如何被城市接受和认可的？笔者通过对深圳这一案例的具体研究，初步认为，设计作用于城市需要满足以下三个条件：一、城市空间的准备，具体细分为地理环境、人口环境、产业环境、政策环境等子条件；二、趣味空间的准备，表现为文化生产和文化消费两个方面；三、价值认同的准备，其中包括设计文化的发出者或设计价值的缔造者——设计师的存在，以及非设计师群体的参与。在深圳这一具体案例中，深圳在地理环境上属于中国南部沿海的门户城市，又毗邻设计业发达的香港，这使得深圳在设计资讯的来源方面具有先天的优势；年轻的移民城市和庞大的中间层人口成为设计潜在的需求来源；大规模的印刷业和产品制造业为设计的进行提供了必要的物质和技术条件；宽松的政策环境则吸引更多的人才来到这个城市，并给予人才活动以更大的自由度。扁平化的城市趣味所具备的去等级化、去中心化、去边界化和开放性等特征使得新事物和新文化能够相对容易地在这个城市展开，这为作为一种新文化的设计在社会中的推行提供了便利。文化共同体是联系设计文化的发出者——设计师和设计文化的接受者之间的媒介，它将关于设计的信息和设计的价值散布到社会空间，使作为一种认同的空间的超共同体的氛围得以形成，只有在这一氛围的条件下，设计消费和设计市场才能够得以成型，设计文化的推广、设计价值的实现才成为可能。

需要明确的是，本书所提出的这些条件是对深圳这一具体案例的研究结果，并不是说、也不可能是每一个设计文化繁荣的城市都必须符合这些条件，因此，本书区分出其中的一部分为特殊条件，如地理、人口、产业和政策环境，以及城市趣味影响下的文化偏好和文化选择，由于这些条件内容的特殊性，城市才显示出不同的文化品格，特殊条件是诸多偶然因素的集合（如图 7-1）。另一部分为设计在城市中得以繁荣的普遍条件，本书认为，对于设计价值的认同是设计能够作用于城市的一个十分重要的普遍条件，或者说，文化共同体与“设计之城”之间存在一定的因果联系。这一联系并不是指文化共同体的存在一定能够使一个城市获得“设计之城”的美誉，而是指，文化共同体是实现设计价值的必要的前提条件。

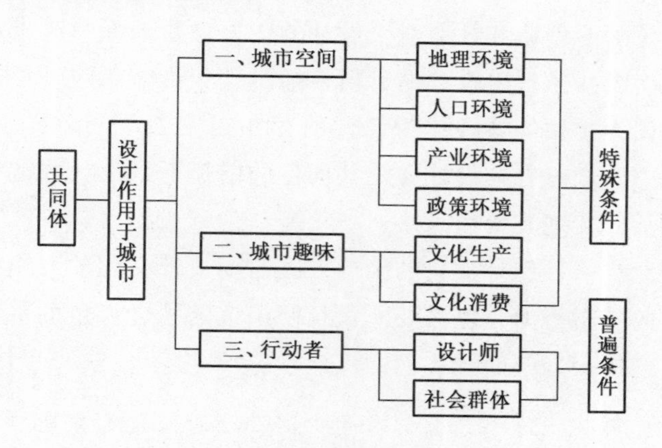

图 7-1　设计作用于城市

文化共同体对进行设计的本体论思考具有意义。

通常我们将设计理解为是一种活动或行为，或者我们认为设计就是生活。但是反过来看，并不是所有的行为都是设计，也不是有了生活就有了设计。首先，设计不是一种简单的行为，设计本身有着质的内涵，设计行为的产生是一个不断递进的过程。设计师创造了一个物品（A），我们认为，这是一种设计行为。经过对物品A复制后产生十个物品（A′），这一复制的行为就不再是设计行为，而只有在设计物品（A）的基础上进行改进或再创造，提供更多功能或审美可能性的物品（A^+或B，C，……）才是一种新的设计行为。因此，设计行为是一种质的改进和突破的过程，而不是宽泛意义的行为或生活。其次，在前文对设计共同体的分析中我们可以看到，设计的共同体是一个由设计师个人到设计师团体，再到设计行业、相关的产业，再到社会空间的不断扩展的过程，因此，对设计的认识也是一个不断突破和延伸的过程。设计师的创造和社会对于设计的认识这两个不断递进着的关系相互交织，体现出设计的价值传播过程和价值认同过程的紧密结合。设计文化的共同体为设计的存在提供了两个必要的条件：需求和空间。只有在设计文化共同体的前提下，设计才能够成为一种生活，实现其价值。

因此，一种设计文化的生成，既需要设计文化的发出者——设计师的不断努力，也需要非设计师组成的社会力量的参与。对于设计的这一理解给予我们两点启示：

> 第一，迄今，人们对于中国设计的探讨更多地集中于设计文化的发出者，对设计师的个人或群体投以大量关注。人们往往指责设计未能够尽到其社会义务，并最

终将中国设计存在的问题归咎于中国本土设计师的创造性不够。而事实上，在对设计共同体的研究中我们发现，非设计师的团体、机构和个人在设计价值的传播过程中起到了重要作用，同时也构筑起对于设计的认同的空间，社会力量成为设计在城市范围内起作用的必要的社会条件。设计的文化共同体为设计的认同提供了可能，只有在设计被认可的条件下，设计才能实现其价值。

第二，迄今，人们对于设计史的研究更多地集中在对设计师个人的研究或对设计产品的个体研究，即对设计活动的结果的研究方面，而非对设计活动本身的研究。[①] 本书认为，设计师或设计产品作为设计历史和设计文化的载体固然是重要的，但仅此不能把握设计史的全部含义。设计的社会学研究将设计置于一个特定的社会空间之中，探讨设计实践、人的活动以及社会结构之间的相互关系，以及设计在一个动态的社会结构中的产生、变化及其发展方向。通过社会学的方法，设计史的研究将脱离原有的单线历史的叙述，在功能主义和技术决定论以外寻找设计价值的多种来源，从而将设计史的研究视角从西方中心向更加多元和复杂的方向拓展。

所以，设计要体现其价值或作用，既需要设计师或设计的专业团体不断地深入和进取，也有赖于非专业的社会力量的介入。本书的关注点主要侧重于社会力量对于设计价值传播过程的参

① ［美］克莱夫·迪尔诺特. 设计史的状况. 何工，译. 艺术当代，2005（5）.

与，并通过对设计共同体这一连接职业团体和社会力量的媒介的强调，展示设计的社会学研究的必要性和可能性。本书的研究仅仅是一个开端，相信随着中国设计的发展，将会出现更多像深圳这样给人启迪的案例，我们对设计文化的经验研究和理论研究也将会由此走向新的高度。

7.3 启示与反思

正如我们在前面章节所叙述的，在技术高速发展而资源迅速减少、人口快速集中却又随时保持着巨大的流动性的条件下，“转型”已经成为当代城市共同面临的重要话题。传统城市需要更新自身的血液，新城市需要树立自身的城市形象，设计产业在这些城市中都可以有所作为。

深圳设计的繁荣始终与经济的增长保持着密切的联系，以经济的增长为切入点是深圳设计的一个主要特征。20 世纪 80 年代，艺术人才与高速增长的印刷产业相结合而产生了设计行业，21 世纪初城市对于文化的需求使设计成为城市管理者调动城市资源的有效手段，而新的城市文化姿态的营建最终仍然是以经济为其主要目的。经济的动力和城市管理者的操控使深圳城市较快地形成了设计产业。平面设计从传播的角度在为城市营建一种设计的氛围方面作出了贡献，设计在客观上成为城市管理者所亟须的一张名片和对外形象。这一需求使得设计力量与城市的管理者之间产生相互认同，在这两者之间形成了设计价值的共同体，为设计在城市发展的可能性奠定了基础。需要明确的是，这种模式并不是设计在城市发展并起作用的唯一的模式。

同样被联合国教科文组织认定为“设计之都”的柏林，在行业内有着良好的国际形象，被认为是一个为创意活动提供了极大自由度的、充满了激情和活力的空间：

> 柏林是2006年联合国教科文组织授予的第二个“设计之都”。柏林在许多不同的设计领域都呈现出了它的重要性。整座城市大约有11 700人在时尚、产品及家具设计、建筑、摄影以及视觉艺术等领域工作，大约6 700家设计公司创造了15亿欧元的年产值。环境、空间和卓越的基础设施为创意产业和创新产品的发展提供了基础。设计师、服装设计师、摄影师和建筑师找到了他们的艺术自由、办公空间和居住成本、网络以及在设计方面的公共兴趣。
>
> 这座城市有那么多不同的文化事件，每天都有超过1 500件在发生，“设计5月”、“柏林摄影节”、“时尚漫步”、“柏林AGI大会”、“内部动机设计研讨会”等都是该城市每年都会举行的主要创意活动，包豪斯博物馆、维特拉设计博物馆也让人们仰慕，这些极具竞争力的条件吸引了各个领域的创意人群和公司。此外，几乎没有任何一个其他主要欧洲城市为学生提供那么多设计方面的学习选择，约有5 000名学生在学习相关专业。

这是一段被各个介绍“设计之都”网站反复转载的文字，其最初来源应该是联合国教科文组织在授予柏林“设计之都”时的介绍词。本书作者并未也无意于考证这一资源的准确性，作者所关注的，是在柏林这一“设计之都”形象背后的另一段消息。

> 德国《金融时报》2007年11月21日：柏林市财政部长昨日宣布，今年可望实现新增财政赤字为零，比原计划提前两年实现零新增赤字。主要原因是成功出售柏林州银行的股份平衡了财政，另外，税收收入也增长较快。原来的预算中计划今年新增赤字为1.47亿欧元。
>
> 2009年1月28日《欧览新闻》：由于金融危机的爆发及德国联邦政府的刺激经济计划，柏林市政府将不得不于2009年再度负债九亿一千万欧元，使得2008年的九亿四千万欧元盈余基本被花光。柏林市财政部长表示，2010年柏林市政府的赤字将会更高。

1990年德国统一，次年6月德国联邦议院决定，柏林为统一后的首都和政府所在地。随之开始的是大规模的城市改造，柏林成为欧洲最大的工地。

> 东柏林地区大部分建筑被拆除或者整修，东柏林的基础建设非常薄弱，街道、住宅区战后60多年来基本没有什么维护和维修，1991年合并以来，几乎每一栋房子都经过了整修，几乎每一条道路都重新铺过。……柏林的民居全部都保留下来了，而且80%经过了整修。柏林墙址周边100米到200米的无建筑地带，尤其是波茨坦广场和巴黎广场成为投资热土。1993年，柏林市政府发起了针对宫殿广场重建规划的国际竞赛，与此同

时，城市发展部在广场上搭建了一个临时假皇宫立面，借由这个1∶1的立面造型，引起民众对这个问题的关心。

——《柏林：寻找失落的城市中心》，2009年8月20日《南方周末》

重新成为德国首都的城市面临着一系列问题，其中最为重要的就是要寻找各种机会，向世界展示新柏林的形象，“寻找失落的城市中心，既是柏林结束分裂，回归正常城市的必经之路，也是这座欧洲都城企图重建昔日荣光的缩影”。[①] 柏林市政府曾经将这种“重建昔日荣光”的希望寄托于申办2000年奥运会，但最终这一希望伴随着柏林民众的反对声成为泡影。不难看出，对于柏林这样的老牌工业城市，联合国教科文组织发起的“创意城市联盟”无疑是一次难得的机遇，这一机遇能够使柏林将这些多年来汇聚到城市、参与各种城市建设的设计力量集中起来，为新柏林赢得声誉。这样看来，如果上文关于柏林创意产业的一番描述属实，那么，柏林就是在其连年的财政亏空背景下仍然借助设计产业营建了良好的政府形象的典范。

另一个案例来自于巴西的库里蒂巴市（Curitiba, Brazil）。库里蒂巴被公认为是一个充分地体现了设计作用的城市，是设计在城市范围内成功的典范。1992年，世界30多个国家的70个城市在该市举行世界城市讨论会，调查库里蒂巴市的城市生态设计和依靠市民保护城市环境的情况，并发表保护地球环境的《库里蒂

① 莫希．柏林：寻找失落的城市中心．南方周末，2008-08-20．

巴宣言》。[①] 1995 年，库里蒂巴和巴黎、悉尼同时成为联合国授予的第一批“最适宜人居住的城市”，联合国还将库里蒂巴市称为“世界生态之都”，[②] 成为全球生态城市的典型代表。自 1993 年至今，中国对于库里蒂巴城市的介绍达到四十余篇，人们从生态设计、城市和环境设计、园林设计、交通工具、系统设计等各个方面对库里蒂巴进行评价和研究。[③] 在设计研究领域，加州大学伯克利分校的城市规划学教授阿兰·雅各布斯（Alan Jacobs）认为，库里蒂巴代表了世界上最理想的城市规划实践。[④] 库里蒂巴的民众也相信，自己居住在世界上最美丽的城市。

库里蒂巴曾经是巴西的一个农产品加工中心，20 世纪 50 年代的时候人口不过 30 万，而到了 90 年代，库里蒂巴的人口已经增长至 210 万，并成为巴西的主要工商业城市之一。迅速的城市化和巨大的经济结构转型并没有给库里蒂巴城市带来像其他发展中国家城市那样的后果：严重的空气污染、拥挤的道路交通和脏乱的城市环境。相反，尽管从城市的贫困程度和收入状况来看，库里蒂巴仍然属于发展中国家的城市水平，然而其优良的城市环境和居民对城市的认同感在发达国家都是少见的。很多评论将这些成就归功于其颇具传奇色彩的老市长杰米·勒纳（Jaime Lerner）。杰米·勒纳于 1937 年出生在库里蒂巴市的一个犹太人家

---

① 周家高. 库里蒂巴：城市化成功的典范. 经济工作导刊，2001（13）.

② 李忠东. “世界生态之都”库里蒂巴. 城市开发，2004（10）.

③ 宋淑运. 城市环保样板——库里蒂巴市. 城市研究，1997（5）；沙洲. 一个独辟蹊径的城市管理模式——库里蒂巴的城市规划. 中国青年科技，1996（4）；王其. 巴西库里蒂巴市的公共汽车系统. 环境保护，1996；马文会. “世界生态之都”库里蒂巴. 科学之友，2006（10）.

④ 黄肇义，杨东援. 国外生态城市建设实例. 国外城市规划，2001（3）.

庭，1964年毕业于库里蒂巴市所属的帕兰纳州（Paraná）的帕拉纳联邦大学建筑学院，毕业后成为一名建筑师，在库里蒂巴建筑学院任职。1971年，34岁的勒纳第一次当选库里蒂巴市市长，此后至1992年期间共三次任库里蒂巴市长（1971—1975，1979—1984和1989—1992）。1993年当他第三次作为库里蒂巴市长任期已满之时，当地仍有97%的选民选举他为下一届市长，库里蒂巴的市民已经将勒纳当作创造世界城市奇迹的伟人。[①]作为市长的建筑师上任后在库里蒂巴市组建起了一个"城市规划研究院"，目的是"为了让每一个领域的设计师都能够对城市中存在的问题提出自己的观点"[②]。这一机构从生态设计的角度审视城市存在的问题，使城市的面貌发生了根本性的改变。设计师团体提出的设计方案涉及城市的方方面面，从街道路牌的文字设计到城市的公共交通系统的设计，其中包括新的封闭式"管形"站台的设计，与公共交通相关的道路设计以及在通过色彩来区分直达车、区间车、中心区交通工具等等，这一快速的公交系统用低廉的造价使得公交车速达到每小时60千米，接近地铁的速度；从解决城市的排水问题到将排水不畅的低洼地带改建为绿化带、人工湖和公园，使这些排水设施同时成为市民的休闲场所；从使用可循环利用的塑料包装到建立一所专门使用这些回收塑料来为库里蒂巴市的学校制造儿童玩具的工厂，在市民中广泛宣传资源再生利用和环境保护；从为清道工提供木质的推车到推行"垃圾购买项目"向市民征收废品，"垃圾不是废物"（Garbage is not

---

① 魏道培. 创造奇迹的市长. 公关世界，1998（12）.

② Victor Margolin. Design for a Sustainable World. Design Issues, 1998, 14（2）: 89.

garbage）的环保理念深入每一个市民中间，使这个城市的垃圾循环回收率达到95%。美国设计史学家维克多·马格林（Victor Margolin）这样评价道：“库里蒂巴的案例显示出，一旦设计师在政治上掌握了权力，世界将会发生怎样的变化。……这些具体的方案所体现出的是提供整体设计服务的思想。这些设计都来源于城市的需求，并都通过在宏观的城市规划视野下进行具体设计的形式得以解决。”①

在库里蒂巴，设计介入城市的角度和方式，设计的发展模式和发展进程，以及设计自身的成熟性都显示出设计的独特性。与深圳致力于塑造城市的对外文化形象不同的是，以建筑师为主导的设计从一开始就从生存的角度介入了城市的发展，对人的生存环境的关注成为这个城市所有设计思考的出发点。在库里蒂巴，由设计师主持的政府通过其行政力将设计作为调动各种资源的媒介，设计师直接是城市的管理者，他们通过设计的手段，从生态角度对城市进行改造，将城市的建筑、交通、水利、绿化、工厂和公益事业组织成一个有机的共同体，在这一共同体中，民众已经不再是单单的设计文化的接受者，而成为设计共同体切实的参与者。在库里蒂巴，设计经过二十年的努力改变了城市居民的生存环境，影响着城市的发展和变革，使得这个城市在民众的生活状态、城市的运营状态和城市品质方面都呈现出一种有别于其他发展中国家甚至是发达国家城市的整体面貌，这一案例体现出设计自身成长的成熟性。“设计工作是否以及如何有利于地球的生存已经成为设计的主要目标，设计师首先必须诚实地面对这一目

---

① Victor Margolin. Design for a Sustainable World. Design Issues, 1998, 14 (2): 89.

标，情况才能发生改变。直到今天，关于设计的讨论仍然只是过于简单地支持一种矫饰的理想主义而未能与现实的生活保持一致。……而库里蒂巴则是这方面比较成功的一个例子。……设计的思考——这种观念和规划的艺术——必须从历史上对于物品的，尤其是对于市场驱动下产生的物品的关注转移开去。设计师有能力在更广阔的范围中针对人类的问题想象并创造物质的和非物质的产品，为人类的幸福作出贡献”。[①]

从这一角度来看，库里蒂巴设计的发展与城市的产业、城市的对外形象都没有直接的关联，也并没有申请类似于“设计之都”这样的名誉或称号，但是，无论在城市发展还是设计发展领域，对库里蒂巴的评价都远远高于其他城市。这是值得我们思考的很重要的一点。

本书旨在为城市的发展方向，也为设计的发展方向提供一种思考的可能性。深圳的独特之处在于，在中国甚至是世界，没有哪一个城市像深圳这样在其发展的最初阶段就已经将设计融入其城市发展的进程之中，这是在当今迅速的城市化过程中出现的特殊现象。深圳成为中国当代设计的一个微缩景观，既包含着切实的需求，也存在着浮华的表象，既体现出当代中国设计的成长，也表现出一定程度的不成熟，真实的和虚幻的、务实的和炒作的、正面的和负面的情况都在深圳当代设计中发生、展现和被放大。深圳的案例说明，设计终于有可能以某种方式影响城市和介入城市的成长，这是深圳具有进步意义的一面。但同时，我们也

---

① Victor Margolin. Design for a Sustainable World. Design Issues, 1998, 14 (2): 89-90.

必须看到，设计本身包含着复杂的内涵，有着不确定的价值。设计的价值很大程度上取决于设计行为的合理性，而设计行为是否合理则取决于设计师对于世界的看法和价值观。从这一层面来看，设计共同体的形成只是为深圳的城市发展和设计发展提供了一个好的开始，“设计之城”仅仅是给予了深圳一种名誉和一种希望，深圳远不是一个成功的样板。深圳设计的不成熟表现在，着眼于形象塑造的设计共同体缺乏一种核心的设计思想或设计理念，这将导致设计在深圳的很多努力最终都流于形式。设计的理念最终决定着设计的发展方向和设计的社会价值，设计理念指向的偏差将导致巨大的社会问题。在这里，作为设计文化的发出者的设计师对于设计的理解以及设计理论对于设计实践的指导意义就显得尤为重要。所以，我们对于深圳的关注并不会以本书的研究为终点，这只是我们对于城市和设计问题认识的开始。

参考文献

一、中文文献

［美］理查·佛罗里达. 创意新贵：启动新新经济的菁英势力. 邹应瑗，译. 台北：宝鼎出版社有限公司，2003.

［美］理查·佛罗里达. 创意新贵Ⅱ：城市与创意阶级. 邹应瑗，译. 台北：日月文化出版股份有限公司，2006.

［澳］道格森，［澳］罗斯韦尔. 创新聚集. 陈劲，等，译. 北京：清华大学出版社，2000.

［美］理查德·弗罗里达. 创意经济. 方海萍，魏清江，译. 北京：中国人民大学出版社，2006.

许平. 青山见我. 重庆：重庆大学出版社，2009.

徐康宁. 产业聚集形成的源泉. 北京：人民出版社，2006.

冯云廷. 城市聚集经济：一般理论及其对中国城市化问题的应用分析. 大连：东北财经大学出版社，2001.

［美］爱德华·苏贾. 后现代地理学——重申批判社会理论中的空间. 王文斌，译. 北京：商务印书馆，2004.

许纪霖. 帝国、都市与现代性. 南京：江苏人民出版社，2006.

［美］戴维·哈维. 后现代的状况——对文化变迁之缘起的探究. 阎

嘉，译. 北京：商务印书馆，2003.

［法］皮埃尔·布迪厄. 实践感. 蒋梓骅，译. 南京：译林出版社，2003.

［英］安东尼·吉登斯. 社会的构成. 李康，李猛，译. 北京：三联书店，1998.

［法］皮埃尔·布尔迪厄. 文化资本与社会炼金术：布尔迪厄访谈录. 包亚明，译. 上海：上海人民出版社，1997.

陆扬，王毅. 文化研究导论. 上海：复旦大学出版社，2006.

汪明峰. 城市网络空间的生产与消费. 北京：科学出版社，2007.

薛毅. 西方都市文化研究读本. 桂林：广西师范大学出版社，2008.

中国城市科学研究会. 中国城市科学研究. 贵阳：贵州人民出版社，1986.

王旭，黄柯可. 城市社会的变迁. 北京：中国社会科学出版社，1998.

［比利时］亨利·皮雷纳. 中世纪的城市：经济和社会史评论. 陈国樑，译. 北京：商务印书馆，1985.

［美］刘易斯·芒福德. 城市发展史：起源、演变和前景. 宋俊岭，倪文彦，译. 北京：中国建筑工业出版社，2005.

［美］斯皮罗·科斯托夫. 城市的形成：历史进程中的城市模式和城市意义. 单皓，译. 北京：中国建筑工业出版社，2005.

［加］简·雅各布斯. 美国大城市的死与生. 金衡山，译. 南京：译林出版社，2006.

李其荣. 对立与统一——城市发展历史逻辑新论. 南京：东南大学出版社，2000.

［美］巴伯. 科学与社会秩序. 顾昕，等，译. 北京：三联书店，1991.

牛凤瑞，潘家华. 中国城市发展报告. 北京：社会科学文献出版社，2007.

单霁翔. 从功能城市走向文化城市. 天津：天津大学出版社，2007.

姜进．都市文化中的现代中国．上海：华东师范大学出版社，2007.

鲍宗豪．城市的素质、风骨与灵魂．上海：上海人民出版社，2007.

金民卿．现代移民都市文化．深圳：海天出版社，2006.

牛晓彦．中国城市性格：中国最具性格魅力的 20 大城市．北京：中国物资出版社，2005.

杨东平．民谣中的城市．上海：上海人民出版社，2007.

[荷] 根特城市研究小组．城市状态：当代大都市的空间、社区和本质．北京：中国水利水电出版社，知识产权出版社，2005.

程汉忠．制造城市．北京：中国水利水电出版社，2003.

杨东平．城市季风：北京和上海的文化精神．北京：新星出版社，2006.

孙家正．2006 中国文化年鉴．北京：新华出版社，2007.

深圳市统计局．深圳统计年鉴（1999—2005）．北京：中国统计出版社，2005.

深圳市地方志编纂委员会．深圳市志．北京：方志出版社，2004.

金心异．深圳向南．广州：中山大学出版社，2007.

[英] 雷蒙·威廉斯．关键词——文化与社会的词汇．刘建基，译．北京：三联书店，2005.

[芬] 尤卡·格罗瑙．趣味社会学．向建华，译．南京：南京大学出版社，2002.

包亚明，王宏图，朱生坚，等．上海酒吧——空间、消费与想象．南京：江苏人民出版社，2001.

[古希腊] 柏拉图．文艺对话集．朱光潜，译．北京：人民文学出版社，1963.

范玉吉．审美趣味的变迁．北京：北京大学出版社，2006.

[美] 路易·哈拉普．艺术的社会根源//朱光潜．朱光潜全集（第 11 卷）．合肥：安徽教育出版社，1989.

[美] 凡勃伦. 有闲阶级论. 蔡受百，译. 北京：商务印书馆，1964.

[德] 齐奥尔格·西美尔. 时尚的哲学. 费勇，等，译. 北京：文化艺术出版社，2001.

周晓虹. 中国中产阶层调查. 北京：社会科学文献出版社，2005.

汪开国. 深圳九大阶层调查. 北京：社会科学文献出版社，2005.

江潭瑜. 深圳经济社会调查. 北京：人民出版社，2007.

李永清. 深圳是否不行了？合肥：合肥工业大学出版社，2003.

我为伊狂. 深圳，谁抛弃了你. 南京：江苏人民出版社，2003.

王为理. 从边缘走向中心. 北京：人民出版社，2007.

杨宏海. 深圳文化研究. 广州：花城出版社，2001.

[法] 布鲁诺·拉图尔. 科学在行动：怎样在社会中跟随科学家和工程师. 刘文旋，郑开，译. 北京：东方出版社，2005.

深圳文化蓝皮书（2003—2006 年）. 北京：中国社会科学出版社，2007.

赵东华. 深圳的性格. 北京：中国经济出版社，2005.

深圳市群众文化学会. 城市·市民·文化. 北京：商务印书馆，2005.

朱青生. 当代艺术年鉴（2005）. 桂林：广西师范大学出版社，2008.

王受之. 世界平面设计史. 北京：中国青年出版社，2002.

周晓虹. 西方社会学：历史与体系（第一卷）. 上海：上海人民出版社，2005.

肖媛. 驶上快车道的中国城市化：多维挑战与内涵定位//王缉思. 中国国际战略评论（2008）. 北京：世界知识出版社，2008.

[美] 詹明信. 晚期资本主义的文化逻辑. 陈清侨，严锋，等，译. 北京：三联书店，1997.

[法] 皮埃尔·布迪厄，[美] 华康德. 实践与反思：反思社会学导引. 李猛，李康，译. 北京：中央编译出版社，1998.

[法] 皮埃尔·布迪厄. 艺术的法则：文学场的生成和结构. 刘晖，译. 北京：中央编译出版社，2001.

朱青生. 将军门神起源研究——论误解与成形. 北京: 北京大学出版社, 1998.

[英] 戴维·莫利, [英] 凯文·罗宾斯. 认同的空间. 司艳, 译. 南京: 南京大学出版社, 2001.

[法] 埃米尔·涂尔干. 社会分工论. 渠东, 译. 北京: 三联书店, 2000.

黄厚石. 事实与价值——卢斯装饰批判的批判. 北京: 中央美术学院, 2004.

许平, 周博. 设计真言. 南京: 江苏美术出版社, 2010.

二、期刊文章

《城市中国》杂志 2005—2008 年。

许平. 创意城市与设计的文化认同——关于设计与创意产业发展政策的断想. 南京艺术学院学报, 2007 (1).

[美] 克莱夫·迪尔诺特. 设计史的状况. 何工, 译. 艺术当代, 2005 (5).

单霁翔. 关于"城市"、"文化"与"城市文化"的思考. 文艺研究, 2007 (5).

姜君, 曹恺予. 深圳再生. 城市中国, 2007 (24).

黄涛. 深圳移民文化特征的理性反思. 特区理论与实践, 2003 (4).

秦斌祥. 芝加哥学派的城市社会学理论与方法. 美国研究, 1991 (4).

杭间. 设计评点:"深圳平面设计"在中国. 美术观察, 2007 (10).

深圳人是怎样读书的——第三届深圳读书月读者调查报告. 鹏程, 2003 (2).

余秋雨. 深圳应有的文化态度. 深圳商报, 1996-06-20.

王京生. 从百家争鸣到深圳学派. 深圳商报, 1997-08-07.

王京生. 深圳文化发展战略与现代文化名城. 中国文化报, 1998-

08-26.

发掘民俗文化资源的成功尝试——深圳华侨城旅游文化调查. 东方文化，1995（2）.

苏州市城市规划局. 苏州市城镇体系规划（2002—2020）. 2004.

苏州市城市规划局. 苏州市阊门石路地区详细规划和城市设计. 2007.

李蕾蕾，张晗，卢嘉杰，等. 旅游表演的文化产业生产模式：深圳华侨城主题公园个案研究. 旅游科学，2005（6）.

史继中. 难忘深圳“大家乐”. 前线，1996（9）.

单协和. 撑起一片蓝天——深圳社区大家乐活动调查报告. 群众文化论丛，2004（18）.

程锡麟. 叙事理论的空间转向——叙事空间理论概述. 江西社会科学，2007（11）.

海峡两岸首度设计交流：深圳举行“平面设计在中国”展. 深圳特区报，1992-04-29.

黄治成. “深圳设计之旅”：一场规模宏大的华人设计盛宴. 深圳商报，2004.

季倩. “设计之都”让设计师与企业共同发展——平面设计相关产业企业家代表访谈. 关山月美术馆通讯，2007（4）.

尹昌龙. 全球化背景下的中国平面设计——中国平面设计国际学术论坛综述. 关山月美术馆通讯，2007（4）.

周家高. 库里蒂巴：城市化成功的典范. 经济工作导刊，2001（13）.

李忠东. “世界生态之都”库里蒂巴. 城市开发，2004（10）.

宋淑运. 城市环保样板——库里蒂巴市. 城市研究，1997（5）.

沙洲. 一个独辟蹊径的城市管理模式——库里蒂巴的城市规划. 中国青年科技，1996（4）.

马文会. “世界生态之都”库里蒂巴. 科学之友，2006（10）.

黄肇义，杨东援. 国外生态城市建设实例. 国外城市规划，2001（3）.

魏道培. 创造奇迹的市长. 公关世界，1998 (12).

三、英文文献

Richard L Florida. Cities and the Creative Class. New York: Routledge, 2004.

Frances Cairncross. The Death of Distance: How the Communications Revolution Will Change Our Lives. Boston, MA: Harvard Business School Press, 1997.

Pierre Bourdieu. Distinction: A social Critique of the Jugement of Taste. Cambridge, MA: Harvard University Press, 1984.

Philip B Meggs. A History of Graphic Design. New York: Van Nostrand Reinhold, 2005.

Edward K Spann. The New Metropolis: New York City, 1840—1857. New York: Columbia University Press, 1981.

Arthur J Pulos. American Design Ethic: A History of Industrial Design to 1940. Cambridge, MA: the Massachusetts Institute of Technology, 1983.

John Skull. Key Terms in Art, Craft and Design. Australia: Elbrook Press, 1988.

Richard Hollis. Graphic Design: A Concise History. London: Thames and Hudson, 1994.

Lewis Mumford. The Culture of Cities. London: Secker & Warburg, 1940.

Jeffrey L Meikle. Twentieth Century Limited: Industrial Design in America. Philadelphia: Temple University Press, 1979.

Pierre Bourdieu. The Field of Cultural Production: Essays on Art and Literature. New York: Columbia University Press, 1993.

Pierre Bourdieu. The State Nobility: Elite Schools in the Field of Power. Cambridge: Polity Press, 1996.

Pierre Bourdieu. The Rules of Art: Genesis and Structure of the Literary Field. Stanford, Calif. : Stanford University Press, 1996.

Victor Margolin. Design for a Sustainable World. Design Issues, 1998, 14 (2).

Shouzhi Wang. Chinese Modern Design: A Retrospective. Design Issues, 1989 (1).

Wendy Siuyi Wong. Detachment and Unification: A Chinese Graphic Design History in Greater China Since 1979. Design Issues, 2001, 17 (4).

Matthew Turner. Early Modern Design in Hong Kong. Design in Asia and Australia, 1989, 6 (1).

Paul O'Neil. Book Review of Alex Coles, DesignArt: On Art's Romance with Design. Art Monthly, 2006 (1).

Michel Foucault. Of Other Spaces. Diacritics, 1986, 16 (1).

Christopher Alexander. City is Not a Tree. http://www.rudi.net/pages/8755.

Culture and Creativity. The Next Ten Years. http://www.culture.gov.uk/reference_library/publications/4634.aspx/.

后　记

2007年11月，笔者第一次前往深圳进行本书前期的准备工作。坐上一辆前往市内的的士后，我对司机说：“到关山月美术馆。”

司机问我：“是莲花山的那个，还是华侨城的那个？”

我说：“是莲花山那个，华侨城的叫做何香凝美术馆。”

车开出没多久后，司机开始和我搭讪：“美术馆……你是不是学美术的？你听没听说过设计？”

从司机口中说出“设计”让我很是惊讶，因为在通常情况下，“学美术”总是一个比“学设计”更让人能够理解的说法。我把我的惊讶告诉了司机，司机说：“听得很多啦！而且我女儿最近就在参加少年宫的设计比赛，回来非要我们帮着她一起动脑筋，这事我们不会，什么时候去你们美术馆看看！”

一个当地的出租车司机，他经常弄混深圳那两个在同一年建成的美术馆的地点，但却明确地知道设计是一门与美术有关的艺术，也许只有在深圳才能碰到吧！如果，深圳真的能够把设计作为一门社会教育普及到每一位民众之中，那么，深圳或许就可以成为我们值得期待的“设计之城”。

致　谢

在本书付梓之际，我必须感谢多年来给予我支持和帮助的多位老师、前辈、同学和亲人。

首先要感谢我的导师许平教授，我在设计研究中的每一点进步都凝结着许老师的心血和汗水。许老师的博学和深思，对问题的敏锐洞察力和学术眼光，是我投身于学术研究的最宝贵的精神动力和思想源泉。他对本书的选题、立意、论证乃至文字的推敲所作的悉心指导，使我体味到治学所必需的严谨和品位。

为了搜集写作本书所需的第一手资料，我曾两次前往深圳进行实地调研。关山月美术馆研究收藏部主任黄治成老师在学习和生活方面都给予了我真诚的帮助，他向我提供关山月美术馆的资料，让我亲身参与深圳的设计活动，并为我介绍有关企业家和设计师进行采访，在此向他和关山月美术馆其他所有为我提供过帮助的同事们表示真诚的感谢。深圳平面设计师协会秘书长孔森、设计师王粤飞、董继湘、陈绍华和深圳市工业设计联合会的黎明祥老先生无私地为我提供了他们的个人经历和有关协会的珍贵资料，对于他们孜孜不倦的职业精神我深怀敬意。

感谢中央美术学院设计学院理论部的兄弟姐妹，他们的好学、机敏和勤奋为我提供了一个活泼的学术空间，感谢与他们共处的每一个日日夜夜。

最后，我要感谢我的家人。我的父母一直以来都给予我充分的理解和支持，我的丈夫成为本书第一位耐心的读者，对我提出了很多具体的修改意见。他们的关心和爱护，是我事业不可或缺的精神后盾。

季 倩

2014 年 7 月